UV 水晶滴胶
手作基础教科书
100 例

（日）木村纯子 著

陈新平 译

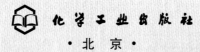

化学工业出版社

·北京·

本书为日本版权引进，教你用UV滴胶制作精美时尚饰品的书。采用了初学者易于理解和学习的教学方式，从工具到材料，都有详细的说明，制作步骤也有详细的图解和文字解说。本书作品多达100例，吊饰、戒指、项链、耳环、发饰、胸针应有尽有，还加入了近些年热门的热缩片、石粉黏土、印章、纸胶带等手工玩法，多种材质的混搭让手工创作更有创意。本书适合给喜欢手工的朋友们参考、激发创作灵感。

UV レジンの簡単アクセサリー 100
Copyright © JUNKO KIMURA 2015
Original Japanese edition published in Japan by Shufunotomo Co., Ltd.
Chinese simplified character translation rights arranged through Shinwon Agency .,Beijing Office.
Chinese simplified character translation rights © 2020 by CHEMICAL INDUSTRIAL PRESS
本书中文简体字版由主妇之友社授权化学工业出版社独家出版发行。

北京市版权局著作权合同登记号：01-2019-1613

图书在版编目（CIP）数据

UV水晶滴胶手作基础教科书100例／（日）木村纯子著；陈新平译. —北京：化学工业出版社，2020.7
ISBN 978-7-122-36682-5

Ⅰ．①U…　Ⅱ．①木…　②陈…　Ⅲ．①手工艺品-制作　Ⅳ.
①TS973.5

中国版本图书馆CIP数据核字（2020）第079974号

责任编辑：高　雅　　　　　　　　　　装帧设计：王秋萍
责任校对：王鹏飞

出版发行：化学工业出版社（北京市东城区青年湖南街 13 号　邮政编码 100011）
印　　装：北京新华印刷有限公司
787mm×1092mm　1/16　印张 4¼　字数 320 千字　2021 年 1 月北京第 1 版第 1 次印刷

购书咨询：010-64518888　　　　　　　售后服务：010-64518899
网　　址：http://www.cip.com.cn
凡购买本书，如有缺损质量问题，本社销售中心负责调换。

定　　价：59.80 元　　　　　　　　　　　　　　　版权所有　违者必究

contents 目录

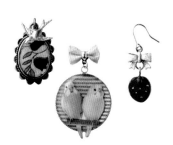

滴入模具固化

UV水晶滴胶的基础知识

亮闪闪的UV水晶滴胶世界很神奇，制作简单，效果丰富。

详细介绍制作UV水晶滴胶所需掌握的知识、材料、工具。

※商品名后[ ]内表示商品品牌

UV水晶滴胶是什么？

水晶滴胶就是树脂（英文resin）。其中的"UV水晶滴胶"是指经过UV（紫外线）反应之后，使其带有硬化（固化）性质的透明树脂。阳光也能使其硬化，但使用UV灯（参照下栏）可以控制硬化时间，且在短时间内便可轻易完成。

UV水晶滴胶的特性

硬化前的UV水晶滴胶呈透明状，是一种具有黏性的液体。

滴入"调配托（p.8）"，或者涂布在贴纸表面不易流动，使用方便。

硬化之后无法恢复原有的状态，需小心使用。

本书中使用的水晶滴胶

UV水晶滴胶（硬型）

硬化后变硬的UV水晶滴胶。透明度高，封入后呈透明状。表面张力强，堆叠滴入后，呈圆润外形。

阳光雨露
硬型[PADICO]

使用UV水晶滴胶时的注意事项

●UV水晶滴胶接触阳光后硬化，应在避光的室内使用。
●水晶滴胶为化学品，应避免直接接触皮肤。
●使用过程中，应保持空气流通。
●不得在火源附近使用。
●存放于0～25℃的低温避光场所，且避免儿童及宠物触碰。
●如沾到手上，立即用无水乙醇擦拭。
●硬化时发热可能导致灼伤，使用时应小心。

紫外线照射的方法

UV灯（紫外线照射机）

推荐使用装有4只灯具的36W型号。　厚度5mm左右的未染色UV水晶滴胶，2分钟左右即可硬化（标准时间因所使用的UV水晶滴胶及灯具的类型而异）。

UV灯36W[PADICO]
该机型带有照射2分钟的时间设定按钮，使用方便。

使用UV灯时的注意事项

●使用过程中，不得直接目视灯具。特别是有孩子的家庭，应特别小心。如需防止漏光，可同拍照片一样，用铝箔和胶带遮蔽。
●UV水晶滴胶在硬化时为高温状态，取出时避免用手接触，建议使用胶带底衬（p.8）。
●避免儿童及宠物触碰。
●长时间使用后，灯具的波长变弱，硬化困难。所以，在指定时间内无法硬化时，应延长照射时间，或者更换灯具。

专栏
阳光能否使其硬化？

UV水晶滴胶接触阳光也会硬化，但所需时间较长，封入过程中零件可能移动或进入灰尘等，不足之处较多。此外，硬化时间因环境而异，所以推荐使用UV灯。

三个基本技巧

本书中的装饰物使用"调配""涂布""模制"的三个基本技巧制作而成。

这三个基本技巧是制作UV水晶滴胶的基础。各种特征、使用时注意事项等，都可在此找到答案。

调配／p.9

调配托
+
贴纸

无底托框体

调配托
+
布料

将UV水晶滴胶滴入称作"调配托"的底托和边框构成的零件中，是一种基本技巧。将胶带、布料等各种材料置于其中，并用UV水晶滴胶封入。此外，还有通过无底托框体制作的方法（p.15）以及使用水钻及9字针的方法（p.19、p.21）等。

涂布／p.22

贴纸

热缩片
+
印章

黏土
+
印章

用UV水晶滴胶覆盖各种材料的表面，是一种制作装饰物的技巧。不使用底托及框体，可制作出任意形状及大小，通过涂布UV水晶滴胶，增加材料的强度及光泽度。

涂布所使用的材料
用UV水晶涂料涂布热缩片或黏土，感受与滴入调配托或框体时完全不同的趣味。从制作初始形状开始，手作乐趣更丰富。

石塑黏土
纹理细腻，且易拉伸的石粉黏土。无异味，干燥后质地轻且强度高，适合用于装饰物。干燥需要3天左右。

La Doll
预混合
[PADICO]

热缩片
透明或白色的塑料片的统称，使用经过烤箱加热后收缩一半，且厚度增加的类型。使用时参照商品包装中的说明。

可收缩的透明（白色）热缩片[田宫]

模制／p.32

闪粉
+
小挂件

花
+
丝带、隔珠

装饰胶带

将UV水晶滴胶滴入模具中固化的技巧，里面可以封入各种材料。选择UV水晶滴胶用模具。作品较厚或染色深的水晶滴胶时，逐次少量滴入UV水晶滴胶，用UV灯反复照射数次，使其硬化。

各种封入材料

UV水晶滴胶手作的乐趣之一是将各种材料封入于UV水晶滴胶中。
材质透明,可看清材料的形状。组合各种材料,制作原创风格的装饰物。

转印纸 / 转印贴纸
艺术字贴纸、美甲用转印贴纸等,四周透明,剪下后可直接使用。

装饰胶带
贴在调配托的底部作为背景,并用水晶滴胶涂布。需要密封剂(p.5),使用方便。

贴纸
市售的贴纸。剥离纸为白色,应将边缘剪掉后使用。为了防止UV水晶滴胶渗入,建议使用密封剂。

布料
建议使用质地薄、细密的棉纶布。为了防止UV水晶滴胶渗入,必须使用密封剂。

隔珠、珍珠
小圆珠、竹节珠、珍珠等,种类繁多。建议使用封入于UV水晶滴胶后更闪亮的银色、金色。

干花零件
原创手作不可或缺的干花零件。事先涂布UV水晶滴胶封入,可有效减少气泡。

水钻 / 玻璃钻
美甲&手机装饰用的水钻。背面带V字切口的用于封入,平的则直接贴合于表面。

玻璃珠
用于服饰、模型等。并不是封入内部,而是粘在UV水晶滴胶表面,形成砂糖般凹凸感。

美甲闪片 / 贝壳纸
美甲用的闪片材料。质地轻薄,可封入并不厚的作品中。

装饰钉
美甲用金属零件,出现钉入表面一样的效果。

花托
装饰物零件。搭配珠子封入,外形如同花朵。

钢珠
美甲用小颗粒状零件,撒上后增加华丽感。

报纸夹
金属制的报纸夹,可用于具有透明感的设计中。

小挂件
装饰物零件的小修饰物。不仅可以封入UV水晶滴胶中,还可固定于外侧。

水钻链(链爪)
带爪托的水钻。可作为框体,用于滴入UV水晶滴胶。也可切离,作为个体使用。

闪片带
用线连接,呈带状的闪片。可按喜好的长度,剪开使用。

专栏
什么材料不适合封入?

背面平整的玻璃钻封入后装饰效果并不明显,建议选择背面带V切口的类型(尖底)。
此外,如果将食品(特别是点心)封入UV水晶滴胶,因其油分、水分较多,硬化时的热量可能使其变质、生锈,从而导致强度不足而破裂,不推荐使用。

尖底型　　平底型

常用的工具和材料

介绍各种轻松体验UV水晶滴胶乐趣的工具, 大多是日常用品。
其中也有些不常见的工具, 但对今后需要继续这类手作的人来说很方便, 可以试着使用。

基本工具

尼龙毛笔
用于涂布UV水晶滴胶。
建议使用不易脱毛的尼龙材质。

调色棒 [田宫]
用于混合UV水晶滴胶和染色剂, 以及放入模具中。

牙签
用于将UV水晶滴胶在调配托中扩散开, 以及移动里面的零件和清除气泡等。

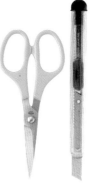

剪刀 / 裁纸刀
用于裁剪贴纸、装饰胶带、材料等。

装饰胶带 + 文件夹
用于制作 "胶带底衬"。
(p.8)

镊子
用于放置封入材料或清除气泡。

除菌用酒精壶、无水乙醇
用于擦拭桌面及手上附着的UV水晶滴胶, 以及清洁毛笔等工具。

方便工具

锉刀、美甲搓条
用于磨削溢出硬化的部分, 也可使用砂纸。

棉棒
少量蘸取无水乙醇, 擦拭溢出的UV水晶滴胶。

加热器
手作专用加热器。用于加热UV水晶滴胶的气泡, 使其消除。比一般的吹风机吹出的风弱, 但温度高 (如果用吹风机代替, 可能会吹散UV水晶滴胶)。

特定作品所需材料

液体染色剂

透明感的溶剂型颜料, 共26色。

粉末染色剂

紫外线穿透性佳的粉末状颜料, 共24色。

闪粉

细小粉末状的闪粉。用手指敲打瓶底, 直接散布于UV水晶滴胶。

密封剂

防止UV水晶滴胶渗入纸张或布料的密封剂。用盖子内的刷头涂布, 自然干燥60分钟左右。

使用密封剂提升亮度

在布料及纸张上涂布UV水晶滴胶后, 渗透会导致颜色变暗, 并渗透至背面。为了防止这个问题, 应先涂布密封剂。涂布1次后, 用吹风机使其干燥。与自然干燥不同, 不用等待60分钟。但是, 稍微费点功夫, 成品会更加精美。

已涂布

未涂布

各种装饰物零件

介绍各种用于制作装饰物的零件。有简单贴合的零件, 也有通过针钳开孔后使用的零件, 种类繁多。

开口圈、装饰开口圈

用于连接各零件。用钳子开闭, 本书中使用尺寸为5mm（中）及4mm（小）。

耳坠金具

钩型、钉型等, 不只是形状、颜色及材料也各有不同。

别针（带环）

附带用于吊起零件的圆环。

9字针、T字针

穿入隔珠, 制作针零件。

耳机孔防尘塞

装饰物固定于开口圈部分, 作为手机及移动终端的耳机孔防尘塞。

胸针金具

贴在背面使用。使用UV水晶滴胶作为黏合剂。

固定金具

龙虾扣、茄扣等, 方便拆装的金具。

带脚纽扣

背面粘贴的带脚纽扣。也可出入绳子或松紧带, 作为装饰物。

发卡金具

用黏合剂或UV水晶滴胶粘合的发卡。

（从左至右）手袋小挂件、项链、手链

链扣、弹簧扣、调节链

手链或项链的固定金具。

羊眼钉

插入硬化的UV水晶滴胶, 连接其他金具。

戒指金具

图片中为带花托的戒指金具。推荐搭配半球珠。

链条组合

带固定金具的组合, 龙虾扣、延长链等。

链条

（上）尼龙制软链
（下）细链, 可用于封入

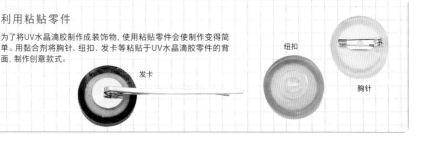

利用粘贴零件

为了将UV水晶滴胶制作成装饰物, 使用粘贴零件会使制作变得简单。用黏合剂将胸针、纽扣、发卡等粘贴于UV水晶滴胶零件的背面, 制作创意款式。

发卡

纽扣

胸针

制作装饰物使用的工具

将UV水晶滴胶制作为装饰物所使用的工具。
用于清除UV水晶滴胶的溢出物, 或夹住已涂布UV水晶滴胶的零件送入UV灯。

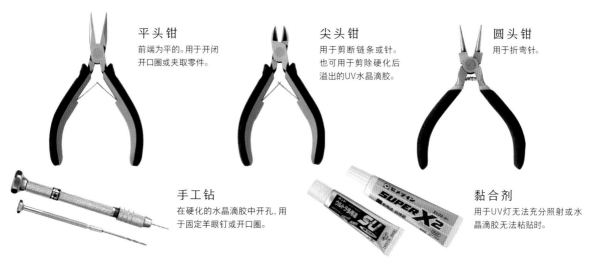

平头钳
前端为平的。用于开闭
开口圈或夹取零件。

尖头钳
用于剪断链条或针。
也可用于剪除硬化后
溢出的UV水晶滴胶。

圆头钳
用于折弯针。

手工钻
在硬化的水晶滴胶中开孔, 用
于固定羊眼钉或开口圈。

黏合剂
用于UV灯无法充分照射或水
晶滴胶无法粘贴时。

加工装饰物的技巧

介绍开口圈、针、羊眼钉及手工钻的使用方法, 作为参考。

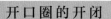

开口圈的开闭

用两只钳子夹住, 开闭开口圈。

打开く → 闭合
前后移动 　 从间隙送入零件 　 前后移动恢复

开口圈2个
羊眼钉
(例)

✕
左右不可分开

手工钻的使用方法

在硬化的水晶滴胶零件中开孔。

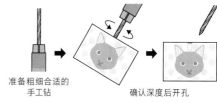

准备粗细合适的
手工钻 → 确认深度后开孔

针零件的制作方法

隔珠穿入T字针、9字针, 用圆头钳折弯成圆形。

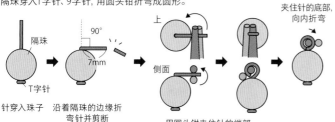

隔珠
T字针
针穿入珠子

90°
7mm
沿着隔珠的边缘折
弯针并剪断

上
侧面
用圆头钳夹住针的端部,
沿着圆头钳折弯

夹住针的底部,
向内折弯

羊眼钉的固定方法

在硬化的水晶滴胶零件中开孔。

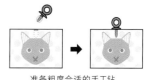

准备粗度合适的手工钻,
确认深度后开孔

专栏
乐享创意

不仅是贴纸或胶带, 各种创意封入零件都能用
来体验UV水晶滴胶的乐趣。主题可为宠物、孩
子、交通工具、风景等。

自己拍摄的照片也能制作装饰物。对应所需作品
的形状和大小, 用家用打印机将照片打印于贴
纸中, 并裁剪整齐即可。与贴纸使用方法相同。

照片贴纸

打印后的照片贴纸
和使用此贴纸的小挂件

开 始 制 作 前

本篇对UV水晶滴胶手作不可或缺的"胶带底衬""染色水晶滴胶"的制作方法、UV水晶滴胶相关术语及本书的书写规范进行解说。

基 本 技 巧

制作胶带底衬

难以用手压住操作时,固定零件时,或者贴成框体时,作为底衬使用。

【 材料 】

宽(3cm左右)和窄(1cm左右)的装饰胶带、剪开的文件夹

1 宽装饰胶带的胶面朝上,置于文件夹上,用窄胶带贴合一端。

2 沿着文件夹,拉伸宽装饰胶带另一端贴合。

准备

需要事先涂布待其干燥固化的部分标注"准备"。事先准备之后,进入以下工序。

滴入UV水晶滴胶

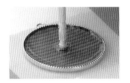

滴入较薄时

用牙签端部滴入1mm左右UV水晶滴胶,如上图所示。

滴入至边缘时

正好盛满至边缘。

滴入隆起时

利用表面张力,滴入至隆起。

清除气泡

用牙签戳破或挤出。

用加热器(p.5)加热,使气泡浮起排出。

照射UV灯

照射30秒

轻度硬化,避免内容物移动而进行的预固定。因其未完全硬化,不得用手触碰水晶胶面。

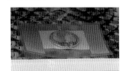

照射2分钟

达到2mm左右厚度后,则完全硬化。硬化过程中温度升高,取出时应注意。

用手拿持30秒,照射1.5分钟

需要用UV水晶滴胶粘合时,最开始30秒用手压住预固定,之后置于下方,照射至完全硬化。

UV水晶滴胶术语

封入 密封于UV水晶滴胶中。

照射 照射UV灯的光。以30秒、2分钟等时间作为单位。

硬化 固化。

调配托 滴入UV水晶滴胶的零件。

气泡 UV水晶滴胶中形成的气泡。为了外形美观,需要将其清除。

制作染色水晶滴胶

份量参考各制作方法页的图片,色调参考成品图片。

粉末染色剂(p.5)

1 将少量未染色水晶滴胶和粉末染色剂放入纸杯中,充分混合。

2 粉末消失时,逐渐少量加入透明水晶滴胶,搅拌混合。

液体染色剂(p.5)

1 将未染色水晶滴胶和液体染色剂放入纸杯中。

2 整体充分混合。容易出现气泡,用加热器清除气泡。

调 配

如果是第一次接触水晶滴胶装饰物，首推使用"调配托"的技巧。
只需将水晶滴胶滴入带边缘的"调配托"中，里面可封入各种小物件。
使用水晶滴胶较少，照射次数也少，稍等便能成形。

1
动 物 坠 饰

使用了贴纸和装饰胶带的简单坠饰。
将底部铺设的装饰胶带裁剪整齐，以及在贴纸上涂布密封剂，是成品美观的关键。
上方搭配小饰物，增加立体感。
制作方法 p.10

动物坠饰 p.9

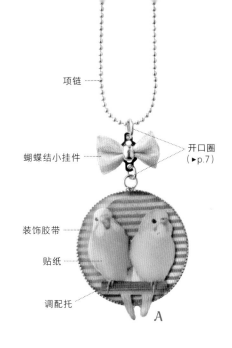

【 材料 】●和•如无特别要求均为1个

UV水晶滴胶
　　共通 阳光雨露心形•

调配托
　　A 圆形（404161）•
　　B 水滴形（404164）•
　　C 正方形（404162）•
　　D 长方形（404163）•

封入·装饰零件
　　A 装饰胶带、贴纸（鹦鹉）
　　B 装饰胶带、贴纸（狮子）、美甲装饰钉（星）适量
　　C 装饰胶带、贴纸（狗）、
　　　链条（NH-99030-G）•适量
　　D 装饰胶带、贴纸（黑猫）、
　　　玻璃钻（HB-1006-13）•适量

小挂件
　　A、C 蝴蝶结（EU-00416-G）
　　D 王冠（PT-302588-G）

隔珠
　　B 抛光球8mm（FP08023-0）•、T字针

装饰零件
　　共通 项链（HN-40058-G）•，ABC：开口圈（小）2个，D：开口圈（小）

其他 共通 密封剂•

【 工具 】

　　共通 基本工具（p.5）、平头钳、圆头钳、吹风机

【 制作方法 】A ~ D共通。图片以A为例进行解说。

1 在贴纸上涂布密封剂，用吹风机吹干（10分钟左右）。
　要点 剥离纸为白色的贴纸，需剪掉白色边缘。

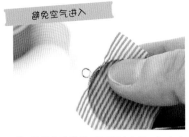

2 将装饰胶带贴于调配托内侧。如宽度不足，可用2片拼接。用指甲在内侧边缘嵌入痕迹。

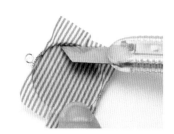

3 边缘内侧对齐步骤2嵌入的痕迹，用裁纸刀切掉。

4 将步骤3的成品置于胶带底衬（p.8）中，滴入少量水晶滴胶。

5 用牙签将水晶滴胶扩散至边缘。如有气泡，用牙签戳破。

6 连同步骤5的胶带底衬一起，用UV灯照射30秒。因其未完全固化，不得用手触碰水晶滴胶面。

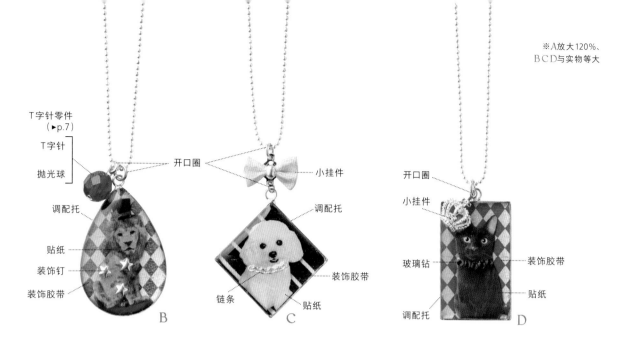

※A放大120%、
BCD与实物等大

T字针零件
（►p.7）

T字针

抛光球

调配托

贴纸

装饰钉

装饰胶带

开口圈

小挂件

调配托

装饰胶带

链条

贴纸

B

C

开口圈

小挂件

玻璃钻

调配托

装饰胶带

贴纸

D

7 剥掉贴纸的剥离纸，用镊子送入。布置A时，贴纸下端稍稍露出调配托。

8 从上方滴满水滴滴胶，盖过贴纸。不用一次全部滴入，观察状态，逐量补充。

仔细！

9 细小部位用牙签蘸取送入水滴滴胶。A的贴纸露出部分也要用牙签蘸取涂布水滴滴胶。

第2次

10 用UV灯照射2分钟。

11 仅将A从托中取出，翻到背面，在贴纸露出部分涂布水晶滴胶。

第3次

12 背面用UV灯照射2分钟。

B、C及D

B、C及D用毛笔整体轻涂水晶滴胶，用镊子布置装饰零件。再用牙签调整位置后，用UV灯照射2分钟。

13 用开口圈连接链条、小挂件、零件，完成装饰物。

2

印花布胸针 & 项链

只需将水晶滴胶滴在布料上的超简单装饰物。

选择对应调配托合适尺寸及布纹细密且不易绽线的布料。

印花布的花朵图案小巧可爱，承托出装饰物的精致感。

〔 材料 〕 ●和 ●如无特别要求均为1个

UV水晶滴胶
　　共通 阳光雨露心形 ●

调配托
　　A 浮雕宝石框体（ PT-300822-SN ）●
　　B 长方形（ 404163 ）●
　　C 圆形（ 404161 ）●

封入·装饰零件
　　共通 印花布

小挂件
　　A 燕子（ 404155 纯铜零件 ）●
　　B 树叶（ PC-300169-G ）●
　　C 蝴蝶结（ PT-301083-PK ）●

装饰零件
　　A 项链（ HN-40058-SN ）、
　　　　开口圈（ 中 ）
　　B 胸针 金色 15mm（ 404128 ）、
　　　　开口圈（ 小 ） 2 个
　　C 胸针 金色 20mm（ 404129 ）、
　　　　开口圈（ 小 ） 2 个

其他
　　共通 纸、密封剂 ●

〔 工具 〕
共通 基本工具（ p.5 ）、平头钳、圆头钳、黏合剂、吹风机

※ 均为实物等大

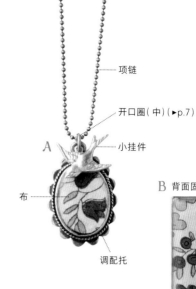

项链

开口圈（ 中 ）（ ▶p.7 ）

A

小挂件

布

调配托

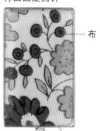
B 背面固定胸针
布

调配托

开口圈（ 小 ）

小挂件

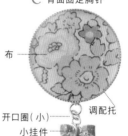
C 背面固定胸针
布

开口圈（ 小 ）

调配托

小挂件

〔 制作方法 〕 A ~ C共通。图片以A为例进行解说。

放在托上确认!

1　将纸放在调配托上，用指甲或尺子沿着内侧边缘嵌入痕迹。

2　用剪刀沿着痕迹裁剪。布料裁剪前，放在托上确认。

3　对齐步骤2的纸型，裁剪布料。

4　从步骤3成品的背面涂布密封剂，用吹风机干燥（ 10 分钟左右 ），重复 2 次。

5　固化后的密封剂如有溢出，则剪掉。

6　将调配托放置于密封胶带底衬上（ p.8 ），轻涂水晶滴胶。放入步骤5的成品，用 UV 灯照射 30 秒，使其预固定。

第1次

7　滴满水晶滴胶，照射2分钟。

第2次

8　A用开口圈与链条、小挂件连接。B、C连接小挂件，用黏合剂将胸针固定于背面。

13

通透铭牌手链 & 耳坠

利用水晶滴胶透明感的轻巧装饰物,使用无底框体。

通过转印贴纸及装饰胶带,将各种词语封入其中。为了成品精美,应仔细剔除气泡。

〔 材料 〕 •和•如无特别要求均为1个

UV水晶滴胶 共通 阳光雨露心形•

调配托
　A 银色（PT-302503-R）•
　B 金色（PT-302503-G）•
　C 银色（PT-302505-R）•
　D 金色（PT-302505-G）•

封入·装饰零件
　A 转印贴纸 字母笔记体（404142）•
　B 装饰胶带
　C 水钻 SS9（404089）•、SS12（404090）•各4个
　D 玻璃钻（HB-1012-10、HB-1006-04）•各4个

小挂件
　A 心形（EU-00495-R）•
　B 心形（EU-00082-G）•4个

隔珠 … 各2个
　C 抛光球（FP08025-0）•、
　　串珠（DB35）•、T字针
　D 抛光球（FP08026-0）•、
　　串珠（DB34）•、T字针

装饰零件
　A 手链 银色（PC-301058-R）•、开口圈（小）4个
　B 手链 金色（PC-301058-G）•、开口圈（小）10个
　C 耳坠金具 金色（PT-301372-R）•、开口圈（3mm）6个
　D 耳坠金具 金色（PT-301372-G）•、开口圈（3mm）6个

〔 工具 〕
共通 基本工具（p.5）、平头钳、圆头钳、尖头钳、棉棒

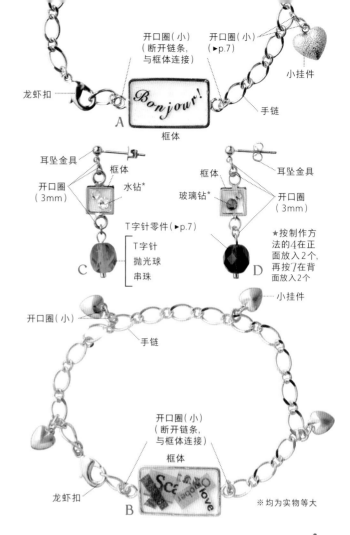

开口圈（小）
（断开链条，
与框体连接）
开口圈（小）
（►p.7）
小挂件
龙虾扣
手链
A
框体

耳坠金具
框体
开口圈
（3mm）
水钻*
玻璃钻*
框体
耳坠金具
开口圈
（3mm）
T字针零件（►p.7）
T字针
抛光球
串珠
C
D
★按制作方法的4在正面放入2个，再按7在背面放入2个。

开口圈（小）
手链
小挂件
开口圈（小）
（断开链条，
与框体连接）
框体
龙虾扣
B
※均为实物等大

〔 制作方法 〕 A～D共通。图片以A为例进行解说。

1 用剪刀裁剪转印贴纸。

2 框体置于胶带底衬（p.8）中，少量滴入水晶滴胶。

第**1**次

3 用牙签扩散至边缘，摊薄。用 UV 灯照射 30 秒。

第**2**次

4 少量滴入，用镊子送入转印贴纸（B为装饰胶带，C、D为玻璃钻各2个），用 UV 灯照射 30 秒预固定。

5 滴入水晶滴胶，稍稍隆起程度。

第**3**次

6 如果水晶滴胶溢出框体，用蘸过无水乙醇的棉棒擦拭。最后，照射 2 分钟。

第**4**次

7 从胶带底衬中取下，翻到背面，用毛笔涂布水晶滴胶，照射 2 分钟。C、D在照射前，背面还要贴2个玻璃钻。

8 A、B用尖头钳剪开链条两端，再用开口圈连接。C、D用开口圈连接金具、零件。

15

4

美甲染色项链

用指甲油在调配托的底部上色。指甲油的颜色多，且可用于彩绘、闪粉、珍珠风等多种装饰效果，是一种适合制作装饰物的材料。而且，毛笔蘸到或溢出的液体可以用洗甲水清除，使用方便。

〔 材料 〕 ●和 ●如无特别要求均为1个

UV水晶滴胶 共通 阳光雨露心形●

染色剂 共通 指甲油(内含闪粉)

A 粉色 B 绿色 C 紫色、蓝色

调配托 共通 浮雕宝石框体

A 金色(PT-300822-G)●

B 银色(PT-300822-R)●

C 古铜色(PT-300822-SN)●

封入·装饰零件

A 玫瑰(04152 纯铜零件)、

水晶(PC-300406-000-G)●

B 转印贴纸(404143 蕾丝)、美甲装饰钉(星)

C 转印贴纸(404144 七个愿望)●、

玻璃钻(HB-1012-10、HB-1006-04、

HB-1006-07、HB-1006-15)●

小挂件

A 蝴蝶结(EU-01072-G)●

隔珠

A 珍珠(FE-00102-02)、9字针

B 棉珠(JP-00041-WH)●、珍珠(FE-00161-01)、T字针

装饰零件

A 项链(NH-40058-G)●、开口圈(中) 2个、开口圈(小)

B 项链(NH-40058-R)●、开口圈(中)、开口圈(小)

C 项链(NH-40058-SN)●、开口圈(中)

〔 工具 〕

共通 基本工具(p.5)、圆头钳、平头钳、尖头钳

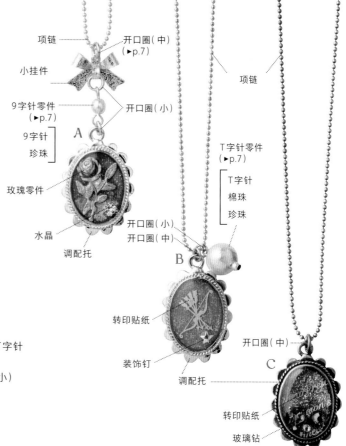

项链 —— 开口圈(中)(▶p.7)

小挂件 ——

项链

9字针零件 —— 开口圈(小)
(▶p.7)

9字针
珍珠

A

玫瑰零件

水晶

调配托

开口圈(小)
开口圈(中)

T字针零件
(▶p.7)

T字针
棉珠
珍珠

B

转印贴纸

装饰钉

调配托

开口圈(中)

C

转印贴纸

玻璃钻

※ 均为实物等大

〔 制作方法 〕 A～C共通。图片以A为例进行解说。

将调配托置于胶带底衬(p.8),涂指甲油,晾干1天。

1 用尖头钳剪断已封入小挂件的圆环。

第1次

2 在调配托中滴入少量水晶滴胶,放入小挂件(B、C 为转印贴纸)。用 UV 灯照射30秒,预固定。

第2次

3 滴满水晶滴胶,照射2分钟。

第3次

4 用毛笔少量涂布水晶滴胶,放上水晶。用牙签调整位置,照射2分钟。

5 制作9字针零件,用开口圈连接链条、小挂件、项链完成。

利用指甲油

指甲油直接涂布于调配托。将涂布了内含闪粉指甲油的调配托放入水晶滴胶中,更加闪亮。多涂几次,使其均匀。

5

手工框架的胸针 & 坠饰

用隔珠和水钻围住贴纸或报纸夹，作为调配托。

在胶带底衬摆放隔珠，滴入水滴滴胶后，用UV灯硬化。

通过这种方法，不用调配托也能制作出喜欢的形状及大小。

〔 材料 〕 ●和●如无特别要求均为1个
UV水晶滴胶　共通 阳光雨露心形●
调配托
　A 水钻链爪(PC-300406-000-G)●
　B 珍珠(FE-00101-02)●、隔珠手工铁丝20cm
　C 水钻链爪(PC-300406-000-G)●
封入·装饰零件
　A 报纸夹(PC045)[东洋精密工业]、
　　 星(PC-300178-G)●贴在背面
　B 报纸夹(PC045)
　C 挂表(J-35)[内藤商事]、
　　 星(PC-300178-G)●贴在背面
小挂件
　A 蝴蝶结(EU-01645-G)●
　C 蝴蝶结(EU-00416-SN)●、
　　 香水瓶(J-64)[内藤商事]
　　 隔珠 C 棉珠(JP-00041-SP)●、T字针
装饰零件
　A 项链(NH-50119-G)●、开口圈(小) 2个
　B 胸针 金色 15mm(404128)●
　C 别针(PT-300199-SN)●、
装饰闭口圈(PC-300613-SN)●、开口圈(小) 5个、T字针
其他
　B 水性颜料笔(黑)

〔 工具 〕
共通 基本工具(p.5)、平头钳、圆头钳、尖头钳

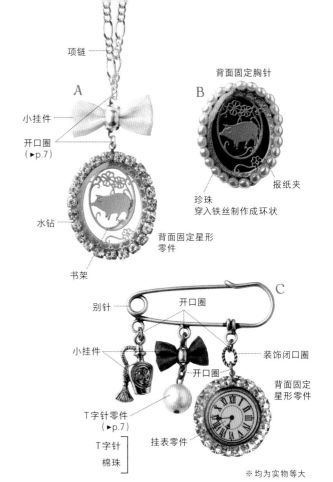

项链
背面固定胸针
A
B
小挂件
开口圈
(►p.7)
水钻
书架
珍珠
穿入铁丝制作成环状
报纸夹
背面固定星形
零件

别针
开口圈
C
小挂件
装饰闭口圈
开口圈
背面固定
星形零件
T字针零件
(►p.7)
挂表零件
T字针
棉珠

※均为实物等大

〔 制作方法 〕 A ~ C共通。图片以A为例进行解说。

1 报纸夹（C为挂表零件）粘贴于胶带底衬(p.8)。四周缠绕一圈水钻，收紧链爪，多余部分用尖头钳剪掉。B用穿入铁丝的珍珠围住。

紧密收缩链爪

2 调整使水钻之间没有间隙。

动作要快！

第1次

3 少量滴入水晶滴胶，用牙签扩散至边缘。用 UV 灯照射 30 秒。

第2次

4 填满水晶滴胶至水钻边缘，照射 2 分钟。

5 从胶带底衬上拆下，如水晶滴胶溢出，用尖头钳剪掉。

第3次

6 A及C用毛笔在背面涂水晶滴胶，固定星形零件。此时，水钻背面也要涂布。朝向背面，照射 2 分钟。

7 A及C用开口圈连接链条和水晶滴胶零件，完成装饰物。

B

第4次

B在步骤5之后，用毛笔将背面涂黑，再涂布水晶滴胶，照射 2 分钟。固化后，固定胸针。

19

$\overline{6}$
9 字 针 制 作 的 调 配 托

用钳子将9字针折弯，制作成调配托。

这里介绍的是苹果和草莓。

如果9字针松开或端部存在间隙，都会导致水晶滴胶溢出，应注意压平，使其与胶带底衬没有间隙。

[材料] •和•如无特别要求均为1个

UV水晶滴胶　共通 阳光雨露心形•

染色剂

　A Pika Ace（中国红、柠檬黄、森林绿）

　B、C Pika Ace（中国红）

框体

　A 9字针 0.6×30mm（PC-300043-PGB）•3根

　B 9字针 0.6×30mm（PC-300043-PGB）•1根

　C 9字针 0.6×30mm（PC-300043-G）•2根

封入 · 装饰零件

　A 珍珠（OL-00217-1）•、美甲装饰钉（叶子）各3个

　B 珍珠（OL-00217-1）•、美甲装饰钉（叶子）

　C 钢珠（EU-01143-G）•适量、美甲装饰钉（叶子）6个

小挂件

　B 雏菊（J-61）[内藤商事]

　C 蝴蝶结（PT-301083-WH）•2个

隔珠…各2个

　B 抛光珠8mm 白色（FP08096-0）•、9字针

装饰零件

　A 项链（NH-40037-PGB）•

　B 耳坠挂钩（PC-300091-PGB）•、开口圈（小）

　C 耳坠挂钩（PC-300091-G）•、开口圈（小）2个

其他 共通 水性颜料笔（绿）

[工具]

共通 基本工具（p.5）、平头钳、圆头钳、尖头钳、纸杯

[制作方法] A～C共通。图片以A为例进行解说。

1 将装饰钉放在胶带底衬（p.8）上，用笔涂成绿色，干燥后用牙签涂布水晶滴胶，用 UV 灯照射 2 分钟。

2 A制作三色的染色水晶滴胶，B、C为双色。

3 将9字针的头部垂直压倒，贴紧圆轴的铅笔，如图所示拿持。

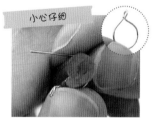

4 9字针贴紧铅笔，缠绕 1 周，制作成环状。最后，用尖头钳剪掉多余的 9 字针部分。

5 用平头钳夹住图中所示部分，折弯使展开圆环之后恢复原状，调整成苹果形状，尽可能没有间隙。

6 将步骤5的成品贴于胶带底衬的边缘，滴入少量未染色的水晶滴胶，用牙签扩散至边缘，照射2分钟。

7 滴入足量染色水晶滴胶，照射 2 分钟。重新贴于胶带底衬的中央，涂布未染色水晶滴胶，放上装饰零件，照射 2 分钟。

8 翻到背面，用毛笔在背面（包扣装饰钉）涂布未染色水晶滴胶，照射 2 分钟。与链条及零件连接，完成。

涂布

本篇介绍了在零件表面涂布水晶滴胶的技巧。

用水晶滴胶覆盖以提升强度，还增加了光亮感。

利用贴纸、装饰胶带、热缩片等随手可得的材料，仅仅涂布水晶滴胶，就能轻易变身成装饰物！

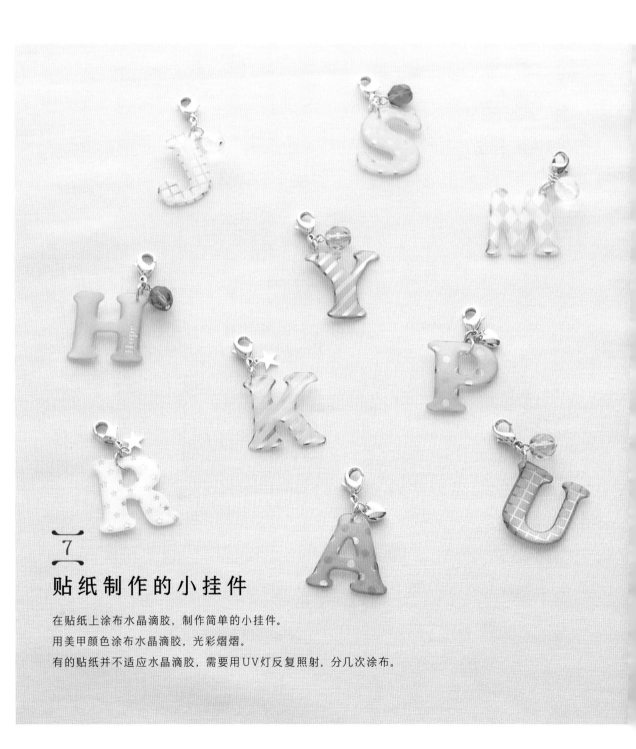

7
贴纸制作的小挂件

在贴纸上涂布水晶滴胶，制作简单的小挂件。

用美甲颜色涂布水晶滴胶，光彩熠熠。

有的贴纸并不适应水晶滴胶，需要用UV灯反复照射，分几次涂布。

【材料】•和•如无特别要求均为1个

※均为实物等大

UV水晶滴胶
  共通 阳光雨露心形•

涂布基底
  共通 贴纸

小挂件
  小挂件类型 金色
  K·R 星形(PC-300178-G)•
  A·P 心形(EU-00082-G)•

隔珠
  隔珠类型 抛光珠8mm
  H·S 水蓝色(FP-08025-0)、T字针
  J·M 水仙黄(FP-08004-0)、T字针
  U·Y 亮粉色(FP-08019-0)、T字针

装饰零件
  共通 龙虾扣、开口圈6mm、开口圈(小) 2个

【工具】
  共通 基本工具(p.5)、平头钳、圆头钳、手工钻

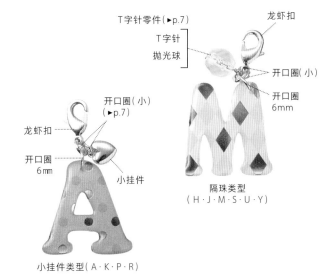

T字针零件(▶p.7)
T字针
抛光球
龙虾扣
开口圈(小)
开口圈
6mm
隔珠类型
(H·J·M·S·U·Y)

开口圈(小)
(▶p.7)
龙虾扣
开口圈
6mm
小挂件

小挂件类型(A·K·P·R)

【制作方法】各形状共通。图片以"u"为例进行解说。

1 贴纸的背面朝上,贴合于胶带底衬
  (p.8),揭掉剥离纸。用牙签少量
  涂布水晶滴胶,用牙签扩散匀开,再
  用 UV 灯照射 30 秒。

2 滴入水晶滴胶,同样匀开,反复操作
  至填满水晶滴胶,照射 2 分钟。

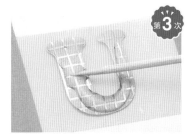

3 正面朝上重新贴合,滴入少量水晶滴
  胶,用牙签匀开。最后,照射 30 秒。

4 同步骤2一样,滴满水晶滴胶,照射
  2 分钟。

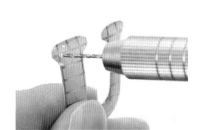

5 用手工钻开孔(p.7),穿入开口圈。
  P 及 R 可以不用开孔。

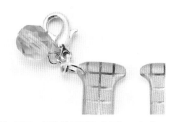

6 用开口圈连接零件和龙虾扣,完成。

专栏
利用方便的热缩片!

热缩片的表面非常适合使用水晶滴
胶。铺上褶皱的铝箔纸,在烤箱中加
热,温度超过约130℃之后,翘起收缩
(加热标准:80W条件下加热80秒左

右)。收缩超过一半体积则停止收缩,
用砧板等耐热工具压平。需要在热缩
片中绘画或涂色时,水性颜料笔、油性
笔等较为合适。

8

装饰胶带制作的蝴蝶结零件

作为必备工具的装饰胶带也能变身成装饰物。

20cm左右的装饰胶带，可制作1个蝴蝶结零件。

先制作出蝴蝶结，再调整形状，各边分别涂布水晶滴胶。

这种材料的质地轻，适合制作发饰或耳坠。

贴在笔记本或手机壳上，也是很漂亮的点缀。

【材料】 ●和●如无特别要求均为1个
UV水晶滴胶
　　共通 阳光雨露心形●
装饰胶带
　　A 花
　　B 花、波点
　　C 粉色花
　　D 粉色花
装饰零件
　　A 羊眼钉（PC-301089-G）●、
　　　链条（NH-50371-G）●、
　　　开口圈（中）、开口圈（小）
　　B 手机壳 透明※
　　C 手机壳 白色※
　　D 耳机孔防尘塞（PC-301304-CRG）●、
　　　链条（NH-50371-G）●

【工具】
共通 基本工具（p.5）、平头钳
A 圆头钳、尖头钳、手工钻
D 圆头钳、尖头钳
B、C 黏合剂

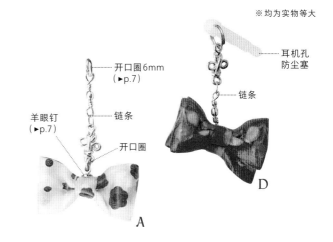

※均为实物等大

开口圈6mm（▶p.7）
链条
羊眼钉（▶p.7）
开口圈
A

耳机孔防尘塞
链条
D

※聚乙烯（PE）或聚丙烯（PP）等无法被水晶滴胶粘合。此时，使用黏合剂

【制作方法】 A～D共通。图片以A为例进行解说。

1 裁剪2根长度7cm的装饰胶带，贴合。

2 制作成3cm左右的环状，使两端重合位置处于中央。

3 用手指压住中央，向内收紧。这个部分为正面。

第1次

4 用剪成5mm宽度的装饰胶带缠绕蝴蝶结中央，接头贴在背面。用毛笔在装饰胶带端部涂布水晶滴胶，用UV灯照射30秒。

各半边的处理

5 用牙签撑开蝴蝶结半边的带环，用毛笔在内外涂布水晶滴胶。

第2·3次

6 用平头钳夹住拿起未涂布水晶滴胶的半边，照射2分钟。再次涂布水晶滴胶，照射2分钟。另外半边按步骤5及6，同样处理。

第4次

7 A用手工钻在中央开孔，羊眼钉蘸上水晶滴胶，照射2分钟后，用开口圈与链条连接。B及C用黏合剂黏合于装饰胶带。

D

D是用2个蘸过水晶滴胶蝴蝶结夹住链条，照射2分钟黏合。最后，将链条与耳机孔防尘塞连接。

9

热缩片＋印章制作的耳坠＆胸针

装饰物材料中极受欢迎的热缩片(p.3)与UV水晶滴胶的完美搭配。

利用印章，可以轻松完成图案重复的零件，推荐热缩片初学者使用。

热缩片加热后体积收缩至一半以下，颜色比盖印章时更鲜艳，图案纹路也变得紧密。

【 材料 】 •和• 及[婴儿脸]如无特别要求均为1个

UV水晶滴胶 共通 阳光雨露心形•

印章 心形以外均为[婴儿脸]

　　A 虎皮鹦鹉（1945-003）B 猫头鹰（0941-009）

　　C 花（0998-001）D 心形

　　E 鸟（0944-001）、心形

印章墨水[婴儿脸]

　　A 木褐色（SZ-41）、仙人掌绿（SZM-52）

　　B 木褐色（SZ-41）、枯叶黄（VKS-153）

　　C 樱桃粉（SZM-81）、仙人掌绿（SZM-52）

　　D 樱桃粉（SZM-81）

　　E 天空灰（VKS-158）、罂粟红（VKS-114）

小挂件…各2个

　　B 蝴蝶结（小）（EU-00647-SN）• D 蝴蝶结（大）（EU-01072-R）•

隔珠…各2个

　　A 串珠（FE-0003096）、T字针

　　C 串珠（FE-0006023）、9字针

装饰零件

　　A 耳坠挂钩（PC-300091-SN）•、开口圈（中）2个、开口圈（小）2个

　　B 耳坠挂钩（PC-300091-SN）•、装饰圈（PC-300613-SN）•各2个

　　C 耳坠金具（PC-300091-R）•、开口圈（中）4个、开口圈（3mm）2个

　　D 耳坠挂钩（PC-300091-SN）•、开口圈（中）4个、开口圈（小）2个

　　E 胸针金色20mm（404129）•

其他

　　A、C、D 透明热缩片（70214）

　　B、E 白色热缩片（70215）

　　B 水性颜料笔（红）

【 工具 】

共通 基本工具（p.5）A、B、C、D 平头钳、圆头钳、开孔器

A、B、E 棉棒 D、E 纸

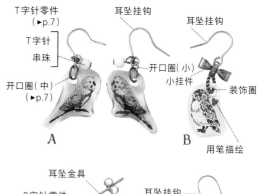

A　B

用笔描绘

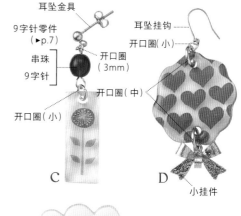

C　D

小挂件

E

用棉棒描点

背面固定胸针

※均为实物等大

【 制作方法 】 A～E共通。图片以A为例进行解说。

1 在热缩片上盖印章，并待其干燥。

2 用棉棒蘸墨水，染色。

3 用开孔器开孔，用剪刀裁剪四周。

4 用烤箱加热收缩（p.23）。

5 贴合于胶带底衬（p.8），用UV灯照射30秒，再次滴满水晶滴胶，照射2分钟。A～D的背面同样处理。

6 连接各零件，完成装饰物。E 的背面用水晶滴胶固定胸针。

【 纸型 】

使用时放大200%。

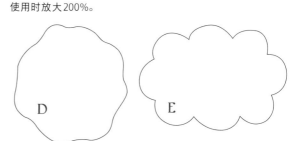

D　E

A

10
热缩片 +
布料制作的胸针

B

F

E

C

D

热缩片和布料是非常适合的组合。

布料增加了厚度，加工更方便，且增添水晶滴胶的光泽感，提升了装饰物的质感。

或者缠绕绣花线，制作成温馨的手工胸针。

【 材料 】 •和•如无特别要求均为1个

UV水晶滴胶
　　共通 阳光雨露心形•

封入·装饰零件
　　共通 印花布

装饰零件
　　A、B、C、D 胸针 金色 15mm（404128）•
　　E、F 胸针 金色 20mm（404129）•

其他
　　共通 透明热缩片（70214）、密封剂•
　　A、B、C、D 绣花线

【 工具 】
共通 基本工具（p.5）、纸、吹风机

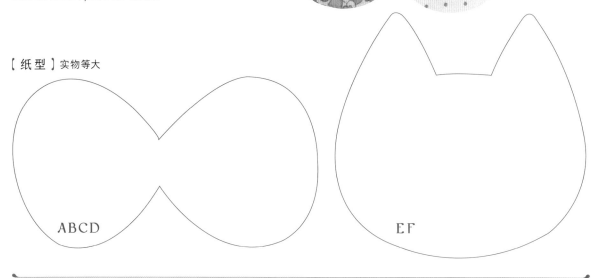

A　B

C　D

绣花线　绣花线

E　F

※均为实物等大
均在背面固定胸针

【 纸型 】实物等大

ABCD

EF

【 制作方法 】 A～D共通。图片以A为例进行解说。

1 按纸型裁剪热缩片，用烤面包机加热收缩（p.23）。

2 布料对齐步骤1成品，粗裁剪。

3 布料背面朝上，放于热缩片上，涂布密封剂，用吹风机吹干（10分钟左右）。

4 固化后，布料和热缩片黏合，用剪刀或裁纸刀沿着热缩片裁剪布料。

5 布料再涂一次密封剂，待其固化。

第1次

6 背面和侧边用毛笔涂布水晶滴胶，置于胶带底衬（p.8）上，用UV灯照射2分钟。

第2·3次

7 正面朝上，少量涂布水晶滴胶，照射30秒。继续滴满水晶滴胶，用牙签扩散至边缘，照射2分钟。

第4次

8 A～D的中央缠绕绣花线，在一侧打结。将蘸取过水晶滴胶的胸针固定于结头上，照射2分钟。E、F直接在背面固定胸针。

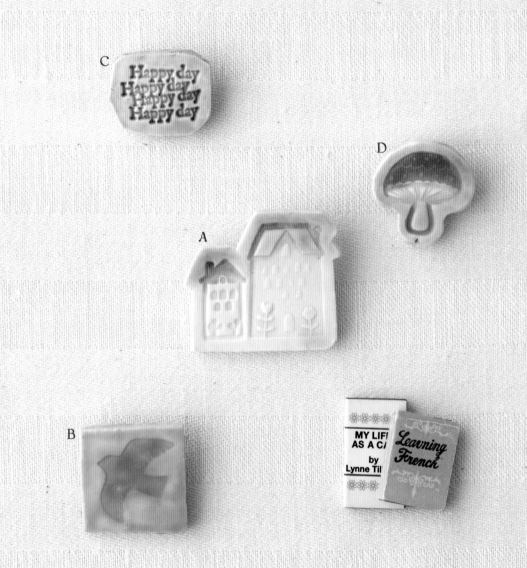

11

石塑黏土制作的胸针

石塑黏土（p.3）胸针是将黏土摊平，按下印章便可轻松完成。

干燥需要3天左右，但干燥后可切削成形。

质地非常轻，素朴的外形很受欢迎，涂布水晶滴胶后更是增加了陶瓷质感。

【 材料 】 ●和●及［婴儿脸］如无特别要求均为1个

UV水晶滴胶
　　共通 阳光雨露心形●

黏土
　　共通 La Doll预混合（ 303130 ）●

染色剂
　　共通
　　A 黄色（ 14 ）、红色（ 12 ）
　　B 蓝色（ 36 ）
　　C 褐色（ 11 ）
　　D 褐色（ 11 ）、红色（ 12 ）

印章［婴儿脸］
　　A 房子（ 0996-002 ）
　　B 鸟（ 0994-001 ）
　　C 文字（ 0432-031 ）
　　D 蘑菇（ 0994-003 ）

装饰零件
　　共通 胸针 金色 20mm（ 404129 ）●

【 工具 】
共通 基本工具（ p.5 ）、一次性筷子、擀面杖、纸杯、黏合剂

A

B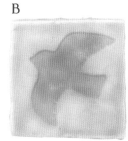

C

D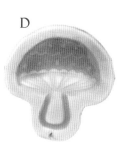

※均为实物等大
均在背面固定胸针

【 制作方法 】 A ~ D共通。图片以A为例进行解说。

1 滚揉黏土：将两根筷子置于两侧，对齐高度，用擀面杖将黏土压平。

用力按压！

2 按下印章。

3 用裁纸刀切取印章四周，待其干燥，建议放置 3 天左右。固化后，用锉刀切削边缘，使其平滑。

1 制作两种颜色（红色、黄色）的染色水晶滴胶（ p.8 ）。

2 背面朝上置于胶带底衬（ p.8 ），背面整体和侧边涂布黄色水晶滴胶。最后，用 UV 灯照射 2 分钟。

第1次

3 翻到正面，正面涂布黄色水晶滴胶，与屋顶和右下侧的花重合，涂布红色水晶滴胶，照射 2 分钟。

第2次

4 再次在上方涂布黄色水晶滴胶，照射 2 分钟。

第3次

5 用黏合剂将胸针固定于背面。

滴入模具固化

将水晶滴胶滴入可穿透UV灯紫外线的模具中，制作成形。

较厚的模具可增加滴入和照射的次数，使其完全硬化。

还可以加入小挂件或闪粉，或者滴入染色水晶滴胶，制作成精美的小饰品。

12
香水瓶坠饰

浪漫色彩的坠饰。

可以将小挂件、珍珠、闪粉等喜欢的饰物均匀加入香水瓶中。

为了成品效果更精细，可以用尖头钳将小挂件的连接开口圈剪断。

【 材料 】 ●和 • 如无特别要求均为1个

UV水晶滴胶
　　共通 阳光雨露心形●

染色材料
　　A 闪粉(404148 星星碎片<浅色爱心>珍珠色)●
　　B 闪粉(404148 星星碎片<浅色爱心>紫色)●
　　C 闪粉(404149 星星碎片<人鱼>蓝色)●
　　D 闪粉(404148 星星碎片<浅色爱心>粉色)●

封入·装饰零件
　　A 王冠、独角兽(404154 纯铜零件)●
　　B 蝴蝶、玫瑰(404152 纯铜零件)●
　　C 钥匙、燕子(404155 纯铜零件)●
　　D 珍珠(FE-00102-02、FE-00101-02、FE-00161-01)●
　　　　各2个

小挂件
　　D 蝴蝶结 粉色(PT-301083-PK)●

装饰零件
　　A、B 项链(NH-40058-G)●、开口圈(中)

其他
　　共通 软模具(404121 法式小瓶)●

【 工具 】
共通 基本工具(p.5)
A、B 平头钳、圆头钳、尖头钳
C 尖头钳

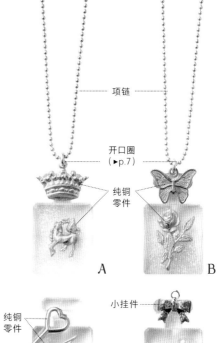

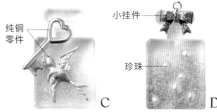

A　　　　　　　　B

C　　　　　　　　D

※均为实物等大

【 制作方法 】A～D共通。图片以A为例进行解说。

1 用镊子剪掉小挂件的环。

2 涂布少量水晶滴胶，用UV灯照射30秒。

3 模具中倒入一半水晶滴胶，小挂件背面朝上放入，照射30秒。D为放入珍珠。

4 涂布少量水晶滴胶，撒上闪粉。用手指敲打容器的底部，一点点撒出。

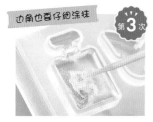

5 用牙签搅拌混合整体，将闪粉集中于小瓶的底部，照射30秒。

6 滴入水晶滴胶至磨具边缘，照射2分钟。

7 从模具中取出，小挂件背面蘸取水晶滴胶，贴合于小瓶上，照射2分钟。

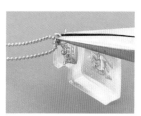

8 A及B连接开口圈，穿入链条，完成装饰物。

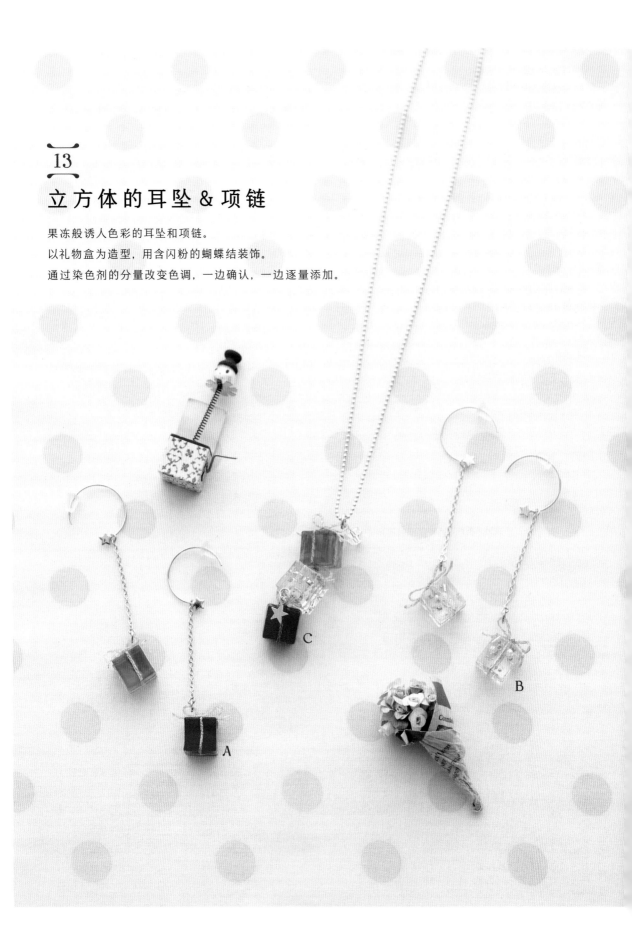

13

立方体的耳坠 & 项链

果冻般诱人色彩的耳坠和项链。

以礼物盒为造型，用含闪粉的蝴蝶结装饰。

通过染色剂的分量改变色调，一边确认，一边逐量添加。

A

B

C

【 材料 】 ●和●如无特别要求均为1个

UV水晶滴胶
　　共通 阳光雨露心形●

染色剂
　　A、B 红色(21)、绿色(13+23)

封入·装饰零件
　　B、C 串珠(DB34、DB35)●、
　　　　 竹节珠(CY-0001-41、CY-0001-42)●、
　　　　 珍珠(FE-00161-01)●、
　　　　 钢珠(EU-01143-G、EU-00143-R)●

隔珠
　　C 施华洛世奇水晶6mm(SW-0006000A)●、T字针

小挂件
　　C 星(PC-301378-G)●

装饰零件
　　A 耳坠金具 银色(PT-301864-R)●、
　　　 链条 银色(NH-99030-R)●、开口圈(小) 2个、
　　　 开口圈(3mm) 4个
　　B 耳坠金具 金色(PT-301864-G)●、
　　　 链条(NH-99030-G)●、开口圈(小) 2个、开口圈(3mm) 4个
　　C 项链 金色(NH-40058-G)●、
　　　 开口圈、开口圈(中)、开口圈(小) 2个

其他
　　共通 软模具(404175 标签&立方体)●
　　　　 纸绳4组 A银色 B、C金色

【 工具 】
共通 基本工具(p.5)、平头钳、圆头钳、尖头钳、纸杯

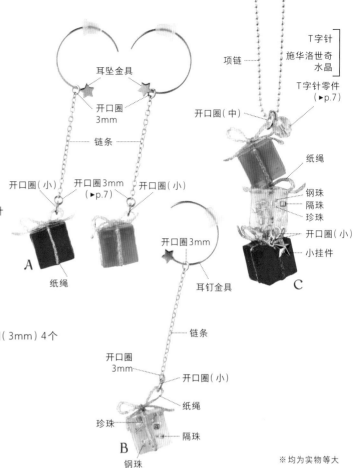

※ 均为实物等大

【 制作方法 】A ~ C共通。图片以A为例进行解说。

1 制作两种颜色(红色、绿色)的染色水晶滴胶(p.8)。

2 先将染色水晶滴胶滴入模具，用 UV 灯照射 2 分钟，再从模具中取出。

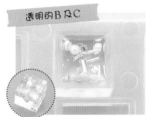

透明的B及C

透明的B及C在滴入未染色水晶滴胶后放入隔珠，照射 30 秒。重复操作 2 次，水晶滴胶填满边缘后照射 2 分钟，从模具中取出。

3 剪取 20cm 纸绳，在立方体上打成蝴蝶结。结头用毛笔涂布未染色水晶滴胶，照射 1 分钟。

4 另外用 10cm 纸绳制作蝴蝶结，结头涂布未染色水晶滴胶，照射 2 分钟。蝴蝶结整体涂布水晶滴胶，照射 2 分钟。

5 用手拿住蝴蝶结，整体涂布未染色水晶滴胶。照射 30 秒。

6 再次整体涂布未染色水晶滴胶，用手拿持 30 秒，放入 UV 灯中照射 1 分 30 秒。最后，剪断蝴蝶结。

7 用开口圈连接金具。C为重合 3 个立方体，滴入未染色水晶滴胶，用手拿持 30 秒，放入 UV 灯中照射 1 分 30 秒。

C

B

A

14

亮片带制作的
胸针和戒指

具有奢华效果的立体装饰物，利用水晶滴胶作为黏合剂制作而成。

用水晶滴胶制作半圆形零件，从中央开始缠绕亮片带。

硬化之前，可移动调整亮片带的位置。

缠绕好之后，用UV灯照射即可。

【 材料 】●和●如无特别要求均为1个

UV水晶滴胶
　共通 阳光雨露心形●

调配托
　A、B 圆形（404161）●

封入·装饰零件
　A 亮片带 宽0.6cm 极光色
　B 亮片带 宽0.6cm 白色、
　　玻璃钻（HB-1012-10）●
　C 亮片带 宽0.6cm 紫色

小挂件
　B 钥匙、燕子（404155 纯铜零件）●
　C 叶子（PC-300169-G）●2个

隔珠
　A 棉珠（JP-00041-BE）●、
　　珍珠（FE-00102-02）●、
　　施华洛世奇水晶6mm（SW-0006000A）●、
　　抛光球（FP08096-0、FP06216-0）●、T字钉5个

装饰零件
　A 帽针 古铜色（PT-300249-SN）●、开口圈（中）、
　　开口圈（小）5个
　B 胸针 金色 20mm（404129）●、开口圈（中）
　C 戒指金具 金色（PT-302520-G）●

其他
　共通 软模具（404176 半球A、B24mm C14mm）●

【 工具 】
　共通 基本工具（p.5）、平头钳、圆头钳、尖头钳、黏合剂

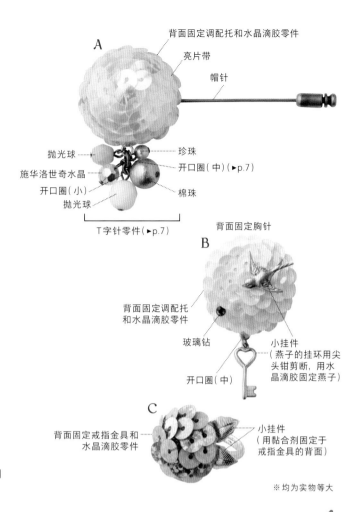

A
背面固定调配托和水晶滴胶零件
亮片带
帽针
抛光球　珍珠
施华洛世奇水晶　开口圈（中）（▶p.7）
开口圈（小）　棉珠
抛光球
T字针零件（▶p.7）

B
背面固定胸针
背面固定调配托和水晶滴胶零件
玻璃钻
开口圈（中）
小挂件（燕子的挂环用尖头钳剪断，用水晶滴胶固定燕子）

C
背面固定戒指金具和水晶滴胶零件
小挂件（用黏合剂固定于戒指金具的背面）

※均为实物等大

【 制作方法 】A～C共通。图片以A为例进行解说。

第1次

1 水晶滴胶滴满至边缘，呈半球状，用UV灯照射2分钟。

第2次

2 调配托（C为戒指金具）蘸取水晶滴胶，放上步骤1成品，照射2分钟。

第3次
手不能沾上水晶滴胶！

3 在半球的顶部蘸取水晶滴胶，粘贴亮片带端部，压紧后照射30秒。

同时调节位置

4 用毛笔在半球整体涂布水晶滴胶，慢慢缠绕亮片带。

5 缠绕至边缘，剪掉多余的亮片带。

第4次

6 用牙签调节亮片带，照射2分钟。

7 帽针（B为胸针）固定于背面，用黏合剂分别黏合T字针零件及小挂件。

15
装 饰 胶 带 制 作 的 发 饰

先将水晶滴胶滴入模具，硬化之后贴上装饰胶带，再涂布一次水晶滴胶并待其硬化。
背面粘贴带脚纽扣或发卡金具，简单且使用方便的装饰物。

A

B

C

D

【 材料 】●和●如无特别要求均为1个

UV水晶滴胶
　共通 阳光雨露心形●
封入·装饰零件
　共通 装饰胶带
　A 紫色条纹
　B 花纹
　C 黄色条纹
　D 水果
隔珠
　A 棉珠（JP-00041-WH）●、
　　T字针、开口圈（6mm）
装饰零件
　A 带脚纽扣（404178）●
　B、C 带脚纽扣（404178）●2个
　D 发卡金具（PT-300789-SN1）●
其他
　共通 软模具
（404119 板&框 A、B、C圆形 D椭圆）●
发圈 A紫色 B粉色 C白色

【 工具 】
共通 基本工具（p.5）、尖头钳
　A 平头钳、圆头钳

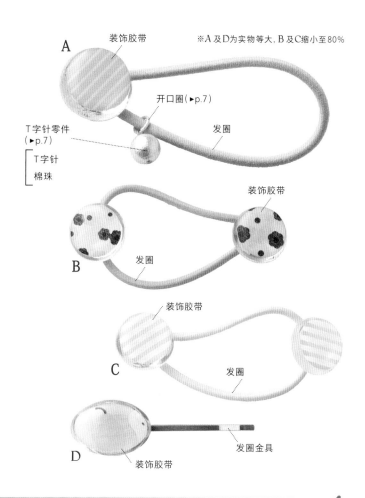

※A及D为实物等大，B及C缩小至80%

制作方法 A～D共通。图片以A为例进行解说。

1　水晶滴胶滴入模具，用UV
　灯照射2分钟。

贴合补足宽度

2　从模具中取出，正面贴装
　饰胶带。

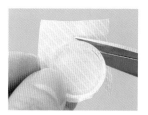

3　用剪刀，沿着水晶滴胶零
　件裁剪装饰胶带。

多余部分剪短

4　置于胶带底衬（p.8），用
　毛笔在正面和侧边涂布水
　晶滴胶，照射30秒。

5　滴满水晶滴胶，照射2分钟。

6　背面朝上，置于胶带底衬，
　用水晶滴胶粘合纽扣，照
　射2分钟。

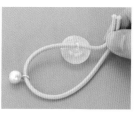

7　纽扣、T字针零件穿入发
　圈，打结。

D用水晶滴胶将发卡金具粘贴
于步骤5成品的背面，照射2
分钟。

16
方形钥匙坠

贴纸置于装饰胶带上，制作小铭牌，并封入方形模具制作的水晶滴胶成品中。

可以用相同贴纸多制作几个，作为孩子物品的标志物，或者搭配各种小挂件，装饰出各色效果。

制作方法 p.42

A

B

C

D

17
棒棒糖小挂件

两组半球形的水晶滴胶零件组合而成的棒棒糖小挂件。

棒子缠绕条纹装饰胶带，金具用蝴蝶结（p.24）遮挡，再用玻璃砂洒满表面，更像棒棒糖。

制作方法 p.44

方形钥匙坠 p.40

【材料】●和●如无特别要求均为1个

UV水晶滴胶
　　共通 阳光雨露心形●

封入·装饰零件
　　A 透明热缩片（70214）、
　　　装饰胶带、贴纸（黑猫）
　　B 透明热缩片（70214）、
　　　装饰胶带、贴纸（狗）
　　C 透明热缩片（70214）、贴纸（蘑菇）
　　D 透明热缩片（70214）、贴纸（汽车）
　　E 透明热缩片（70214）、装饰胶带
　　F 透明热缩片（70214）、
　　　小挂件（PT-302588-G 王冠）●、
　　　转印贴纸（404144 七个愿望）●

小挂件
　　C 蘑菇（J-54）

装饰零件
　　A 羊眼钉（PC-301089-G）●、
　　　龙虾扣（PC-301166-G）●、开口圈（6mm）2个

　　B 羊眼钉（PC-301089-R）●、
　　　龙虾扣（PC-301166-R）●、开口圈（6mm）2个
　　C 羊眼钉（PC-301089-G）●、
　　　龙虾扣（PC-301166-G）●、开口圈（6mm）2个、开口圈（小）
　　D 羊眼钉（PC-301089-R）●、
　　　龙虾扣（PC-301166-R）●、开口圈（6mm）2个
　　E 羊眼钉（PC-301089-G）●、
　　　龙虾扣（PC-301166-G）●、开口圈（6mm）2个
　　F 羊眼钉（PC-301089-G）●、
　　　龙虾扣（PC-301166-G）●、开口圈（6mm）2个

其他
　　共通 水性颜料笔 C红色、D黄色、F蓝色
　　　软模具（404175 标签＆立方体 长方形）
　　A、B、C、D 密封剂●

【工具】
　　共通 基本工具（p.5）、平头钳、圆头钳、手工钻、
　　黏合剂、吹风机

【A～E制作方法】图片以A为例进行解说。

1 在贴纸上涂布密封剂，用吹风机吹干（10分钟左右）。

2 模具中滴入水晶滴胶（模具体积的80%左右），用UV灯照射30秒。

3 对应模具内尺寸（22×16cm），用剪刀裁剪热缩片。

4 装饰胶带贴在热缩片上，剪掉多余部分。C及D用笔涂热缩片，并待其干燥。

5 沿着图案的轮廓裁剪贴纸，粘贴于步骤4的成品上。

6 在模具中滴入少量水晶滴胶，步骤5成品朝上放入。

7 滴满水晶滴胶至边缘，照射2分钟。

8 从模具中取出，背面朝上放置于胶带底衬（p.8）。滴满水晶滴胶，用牙签扩散至边缘，照射2分钟。

9 翻到正面，与步骤8一样放上水晶滴胶，照射2分钟。

10 用手工钻开孔（p.7），插入已蘸过水晶滴胶的羊眼钉。

11 照射2分钟，固定羊眼钉（p.7）。

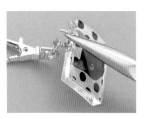

12 用开口圈固定金具。C为固定小挂件。

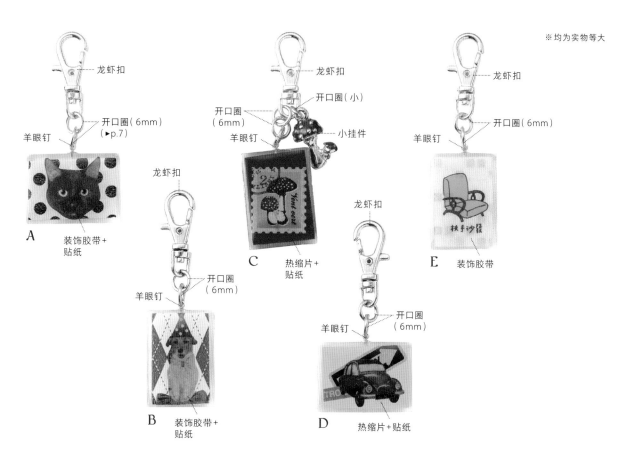

龙虾扣

开口圈（6mm）
（▶p.7）

羊眼钉

A

装饰胶带+
贴纸

龙虾扣

开口圈
（6mm）

羊眼钉

B

装饰胶带+
贴纸

龙虾扣

开口圈（小）

开口圈
（6mm）

羊眼钉

小挂件

C

热缩片+
贴纸

龙虾扣

羊眼钉

开口圈
（6mm）

D

热缩片+贴纸

龙虾扣

开口圈（6mm）

羊眼钉

E

装饰胶带

【F 制作方法】

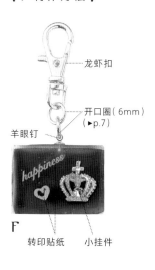

龙虾扣

开口圈（6mm）
（▶p.7）

羊眼钉

F

转印贴纸

小挂件

1 对应模具内尺寸(2.2cm× 1.6cm),用剪刀裁剪热缩片, 再用笔涂成蓝色,待其干燥。

预固定于热缩片

第1次

2 热缩片蘸取水晶滴胶,放 上小挂件,用 UV 灯照射 30 秒,预固定。

第2次

3 在模具中滴入少量水晶滴 胶。将步骤2的成品正面 朝上放入,照射30 秒。

第3次

4 滴满水晶滴胶至边缘,照 射2分钟。

第4次

5 从模具中取出,涂布少量 水晶滴胶,放上转印贴纸, 照射2分钟。最后按A的 步骤8~12,同样处理。

棒棒糖小挂件 p.41

【材料】 •和◦如无特别要求均为1个

UV水晶滴胶
　　共通 阳光雨露心形◦

染色剂
　　A 白色(20)、深红
　　B 白色(20)、绿色(34)
　　C 白色(20)、黄色(23)
　　D 白色(20)、紫色(33)

封入·装饰零件
　　共通 玻璃珠、装饰胶带

小挂件
　　A 心形(EU-00491-G)◦、开口圈
　　B 星(EU-00497-G)◦、开口圈

装饰零件
　　A 手袋小挂件(PC-301038-PGB)◦、
　　　　羊眼钉(PC-300467-G)◦、开口圈3个
　　B 手袋小挂件(PC-301038-G)◦、
　　　　羊眼钉(PC-300467-G)◦、开口圈3个
　　C 羊眼钉(PC-300467-G)◦
　　D 羊眼钉(PC-300467-G)◦

其他
　　共通 棒棒糖棍或棉棒(切成4cm长度)
　　　　软模具(404176 半球 直径20mm)◦

【工具】
共通 基本工具(p.5)、平头钳、圆头钳、尖头钳、手工钻

【制作方法】A ~ D共通。图片以A为例进行解说。

1 制作缠绕装饰胶带的小棍。

2 同小棍一样，用装饰胶带制作宽度2cm蝴蝶结零件(p.24)。

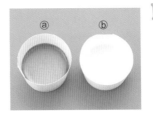

3 制作两种颜色(ⓐ粉色、ⓑ白色)的染色水晶滴胶(p.8)。

4 A、B及C用牙签在模具内侧画出图案，用UV灯照射30秒。

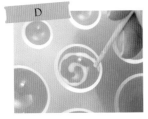

D用ⓑ的水晶滴胶，在模具内画出漩涡状，照射30秒。

5 滴入ⓐ的水晶滴胶至模具边缘，照射2分钟，从模具中取出。

6 再制作另一个半球。A滴入ⓐ至模具边缘，B及C画出图案，照射2分钟。

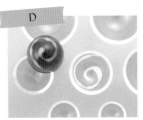

D在模具内侧画出漩涡图案，与取出的半球图案相连，照射30秒。滴入ⓐ至模具半圆，照射2分钟。

手袋小挂件

开口圈
(►p.7)

小挂件

开口圈

小挂件

装饰蝴蝶结
(►p.25)
后侧固定羊眼钉
和开口圈(2个)

正面为
玻璃珠

小棍
+
装饰胶带

装饰蝴蝶结后
侧固定羊眼钉

正面为
玻璃珠

小棍
+
装饰胶带

A

B

C

D

※均为实物等大

7 用平面蘸取ⓐ的水晶滴胶,
对合两个半球。用手压紧
30秒, 放下照射1分30秒。

8 用手工钻开孔, 用于穿入
小棍。穿入已蘸取水晶滴
胶的小棍, 照射30秒。

9 拿起小棍, 在轴整体和接
合部涂布水晶滴胶。用手
拿持30秒, 放下照射1分
30秒。

羊眼钉用细孔

10 用手工钻开孔, 用于羊眼
钉。插入已蘸取未染色水
晶滴胶的羊眼钉, 照射
2分钟。

11 用毛笔在小棍部分涂布水
晶滴胶, 洒满玻璃珠。用
手拿持30秒, 放下照射
1分30秒。

12 蝴蝶结蘸取未染色水晶滴
胶, 固定于小棍, 并遮挡
羊眼钉, 照射2分钟。

13 用开口圈连接链条, 完成。

吹制玻璃装饰物组合

外形诱人的水晶滴胶零件，吹制玻璃在表面摇动。
将花形零件、珠子撒入模具中，待其硬化。
水晶滴胶的透明质感，承托花形零件的温暖印象。
再用金色的装饰物零件点缀，增添华丽质感。
制作方法 p.48

水晶滴胶零件从模具中取出之后，四周重新涂布一层水晶滴胶，增添复古玻璃般的温暖质感。
多涂布几层，在表面形成纤细凹凸感，摇动时更闪亮。

吹制玻璃装饰物组合 p.46,47

A、B

【材料】 ●和●如无特别要求均为1个

UV水晶滴胶 共通 阳光雨露心形●
封入·装饰零件
　A、B 主要零件
　　珍珠（FE-00161-01）●、串珠（DB34、DB35）●、
　　波希米亚珠（CB-19102）●、钢珠（EU-01143-G、EU-01143-R）●、
　　玻璃制V字切口水钻SS5、SS12、星之花（参照图片）
　A 水钻（链爪）#110（PC-300406-001-G）
　A 花托（PT-300146-G）●
　A 装饰圈
　①竹节珠 银色（CY-0001-41）●
　②竹节珠 银色（CY-0001-42）●
　③珍珠（FE-00161-01）●、玻璃制V字切口水钻SS5
　④珍珠（FE-00161-01）●、串珠（DB34、DB35）●
　　波希米亚珠（CB-19102）●
小挂件　A 金属（EU-01331-G）●
隔珠　A 施华洛世奇水晶6mm（SW-0006000A）、9字针 各2个
装饰零件
　A 链扣（PT-300590-G）●、装饰开口圈（EU-00904-G）●8个、
　　开口圈（中）9个、（小）8个、T字针2个
　B 链条（NH-99085-SN）●、装饰开口圈（PC-300613-SN）●、
　　调节链、弹簧扣、开口圈2个、T字针
其他 共通 软模具
　（A 404122 宝石 圆形、404174 圆环 3号）●
　[B 404122 宝石 椭圆（大）]

【工具】
共通 基本工具（p.5）、平头钳、圆头钳、尖头钳

C、D

【材料】 ●和●如无特别要求均为1个

UV水晶滴胶
　共通 阳光雨露心形●
封入·装饰零件
　C、D 珍珠（FE-00161-01、FE-00101-02）●、
　　串珠（DB34、DB35）●、
　　钢珠（EU-01143-G、EU01143-R）●、
　　波希米亚珠（CB-19102）●、
　　玻璃制V字切口水钻SS5、SS12、
　　星之花（参照图片）
　C 花托（PT-300146-G）●
　　水钻（链爪）#110（PC-300406-001-G）●
　　装饰零件
　C 戒指金具（PT-301205-G）●
　D 链条（NH-99030-G）●、
　　耳坠金具（EU-00408-G）●、
　　开口圈（3mm）4个、T字针4个
其他
　C 软模具（404176 半球18mm）●
　D 软模具（404122 宝石 大14mm 小10mm）●

【工具】
共通 基本工具（p.5）
　C 锉刀
　D 平头钳、圆头钳、尖头钳

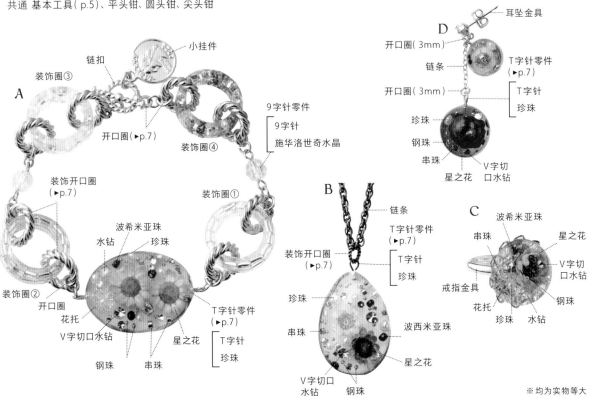

A

装饰圈③
链扣
小挂件
开口圈（▶p.7）
装饰圈④
9字针零件
9字针
施华洛世奇水晶
装饰开口圈（▶p.7）
装饰圈①
波希米亚珠
水钻　珍珠
装饰圈②
开口圈
花托
V字切口水钻
钢珠　串珠　星之花
T字针零件（▶p.7）
T字针
珍珠

D
耳坠金具
开口圈（3mm）
链条
T字针零件（▶p.7）
开口圈（3mm）
T字针
珍珠
珍珠
钢珠
串珠
星之花
V字切口水钻

B
链条
T字针零件（▶p.7）
T字针
珍珠
装饰开口圈（▶p.7）
珍珠
串珠
波西米亚珠
星之花
V字切口水钻
钢珠

C
波希米亚珠
串珠
星之花
V字切口水钻
戒指金具
钢珠
花托
珍珠　水钻

※均为实物等大

【A、B 制作方法】A、B 共通。图片以 A 为例进行解说。

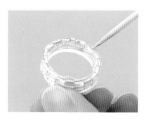

1 参照 p.59，制作 4 个装饰圈零件。

第 1 次

2 珍珠穿入 T 字针，折弯。将已涂布水晶滴胶的珍珠置于花托中心，用 UV 灯照射 30 秒。

第 2 次

3 模具中滴入少量水晶滴胶，照射 30 秒。

涂水晶滴胶，且防止气泡　第 3 次

4 模具中滴入少量水晶滴胶。已涂布水晶滴胶的花朝向下方放入，照射 30 秒。

第 4 次

5 滴入少量（零件的 1/3 量）水晶滴胶，照射 30 秒。

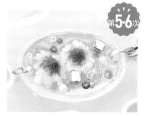

第 5·6 次

6 重复步骤5，第 3 次时放入步骤2的 T 字针的珍珠侧，照射 2 分钟。

第 7·8 次

7 从模具中取出，背面朝上放置于胶带底衬（p.8）。表面涂布水晶滴胶，照射 2 分钟。正面朝上，同样照射 2 分钟。

重叠涂布，增添闪亮感　第 9–11 次

8 用钳子夹住 T 字针，在照射过程中涂布水晶滴胶，分别照射两次 30 秒及一次 2 分钟。A 用装饰开口圈连接，D 连接链条。

【C、D 制作方法】C、D 共通。图片以 C 为例进行解说。

第 1 次

1 将已蘸取水晶滴胶的珍珠置于花托的中心，用 UV 灯照射 30 秒。

第 2 次

2 在模具中涂布少量水晶滴胶，照射 30 秒。

第 3 次

3 在花中滴入水晶滴胶，固定珠子及珍珠，照射 30 秒。

第 4 次

4 滴入少量水晶滴胶。将已涂布水晶滴胶的花朝下放入，周围放入步骤 1 的花托及隔珠，照射 30 秒。

整体均匀撒入　第 5–7 次

5 分 3 次放入水晶滴胶和零件，每次分别照射 30 秒，最后照射 2 分钟。

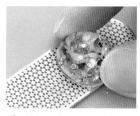

6 从模具中取出，如底面不平整，用锉刀切削。

重叠涂布，增添闪亮感　第 8–11 次

7 在已切削的底面滴入水晶滴胶，固定戒指金具，照射 2 分钟。在照射过程中涂布水晶滴胶，分别照射两次 30 秒及一次 2 分钟。

D

D 制作两个水晶滴胶半球，一个半球放入隔珠、花、T 字针零件，另一个什么都不放。接合两个半球，制作成球体（p.45），连接链条和耳坠金具。

49

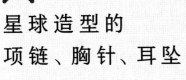

19

星球造型的
项链、胸针、耳坠

使用闪粉及美甲贝壳纸，制作以地球为主题的零件。
将闪粉及美甲贝壳纸布置于模具中制作成固体，再设计添加大陆及云层等形象造型。

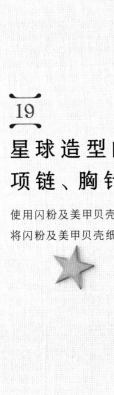

C

A

B

【材料】●和◆如无特别要求均为1个
UV水晶滴胶 共通 阳光雨露心形◆
染色剂 液体染色剂(10)
封入·装饰零件
　A 美甲用贝壳纸
　B 闪粉(404150 星星碎片<机遇之感>银色)◆、
　玻璃钻(HB-1006-15)◆
　C 闪粉(404150 星星碎片<机遇之感>金色)◆、
　金属圈(EU-00471-G)◆
小挂件
　A 尾、齿轮(404157 纯铜零件<恋爱策略>)◆、
　水晶(PC-300352-000-G)◆
　B 月、土星(404153 纯铜零件<宇宙>)◆、
　星(PC-301378-R)◆2个
　C 星(PC-301378-G)◆、圆环
隔珠···各4个
　B 竹节珠 银色(CY-0001-41)、金色(CY-0001-42)◆
装饰零件
　A 别针(PT-300199-G)◆、开口圈(小)、羊眼钉
　B 耳坠金具(EU-00408-G)◆、开口圈4个、9字针(30mm)2个
　C 链条(NH-99022-G)◆、羊眼钉、
　　龙虾扣、葫芦扣、开口圈(6mm)、开口圈3个
其他
　共通 软模具(404176 半球 A14cm、B10cm、C18cm)◆

【工具】
共通 基本工具(p.5)、平头钳、圆头钳、尖头钳、手工钻、纸杯

A
开口圈(▶p.7)
别针
小挂件
水晶
小挂件
开口圈
羊眼钉
贝壳纸
链条
开口圈(6mm)
羊眼钉
金属圈
开口圈
闪粉
C

B
耳坠金具
小挂件
开口圈
竹节珠
羊眼钉
开口圈
小挂件
9字针零件
(▶p.7)
9字针
竹节珠
闪粉
小挂件
玻璃钻

※均为实物等大

【制作方法】A～C共通。图片以A为例进行解说。

均匀布置

第1次

第2-4次

第5-8次

1 制作染色水晶滴胶(p.8)。

2 用毛笔在模具内侧涂布水晶滴胶，放置水晶。B及C随意放入闪粉。之后，均用UV灯照射30秒。

3 分3次(间隔2分钟)滴入染色水晶滴胶至边缘，待其固化。硬化之后，从模具中取出。

4 再制作一个相同的。
要点 颜色深的水晶滴胶需要较多时间完成硬化，重复硬化(间隔1分钟)直至完全固化。

第9次

第10次

第11次
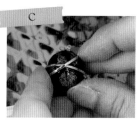
C

5 在步骤4成品的平面涂布未染色水晶滴胶，对合两个半球。手持30秒之后，放下照射1分30秒。

6 用手工钻开孔，插入已蘸取未染色水晶滴胶的羊眼钉，照射2分钟。

7 用钳子夹住羊眼钉，整体涂布未染色水晶滴胶，等待1分钟之后，放下照射1分钟。用开口圈连接零件，完成装饰物。

C是用毛笔在金属圈内侧涂布水晶滴胶，重合罩住球体，拿持1分钟之后，放下照射1分钟。在金属圈的内侧和球体整面涂布水晶滴胶，照射2分钟之后更加黏合。

51

二〇

纽扣袋主题小挂件

以旧纽扣袋为主题制作的小挂件。

用纽扣模具制作大小不同的纽扣，颜色和花纹任意。

再用装饰胶带及转印贴纸的文字点缀纽扣袋，造型更接近实物。

【 材料 】●和●如无特别要求均为1个

UV水晶滴胶 共通 阳光雨露心形●

染色剂
  A 暖粉色
  B 白色(20)、蓝色(20+37)
  C 褐色(14)、深褐色(12+14+15)

封入·装饰零件
  A 转印贴纸 字母笔记体(404142)●
  装饰胶带
  B 装饰胶带
  C 装饰胶带
    小挂件 C 雏菊(J-62)●

装饰零件
  A 链条(AH-10001-2)●、
    开口圈(10mm)、开口圈(中)2个、龙虾扣、9字钉
  B 链条(AH-10001-2)●、
    开口圈(10mm)、开口圈(中)2个、龙虾扣、9字钉
  C 手袋小挂件(PC-300662-SN)●、开口圈(10mm)、开口圈(中)2个

其他
  共通 软模具(404175 标签&立方体 标签<大>)、
    (404177 纽扣 10mm、15mm)●
  A、B 绣花线

【 工具 】

共通 基本工具(p.5)、平头钳、圆头钳、尖头钳、手工钻、
    纸杯 A、B 手缝针

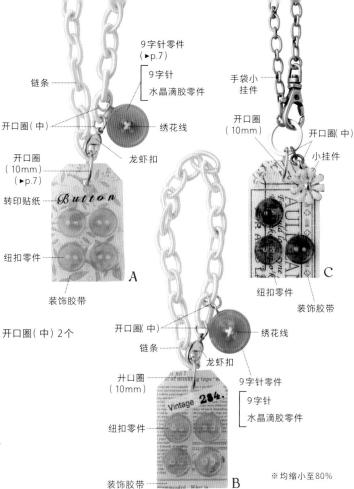

9字针零件
(▶p.7)
  9字针
  水晶滴胶零件

链条

手袋小挂件

开口圈(中)

开口圈(10mm)

开口圈(中)

小挂件

开口圈(10mm)(▶p.7)

转印贴纸

龙虾扣

绣花线

纽扣零件

装饰胶带

纽扣零件

装饰胶带

C

A

开口圈(中)

链条

龙虾扣

绣花线

9字针零件
  9字针
  水晶滴胶零件

井口圈(10mm)

纽扣零件

装饰胶带

Vintage 284.

B

※ 均缩小至80%

【 制作方法 】A ~ C共通。图片以A为例进行解说。

1 A制作一种颜色的染色水晶滴胶,B及C制作两种颜色的(p.8)。A为粉色,B为蓝色ⓐ及白色ⓑ,C为深褐色ⓐ及褐色ⓑ。

第1次

2 将步骤1的成品滴入纽扣模具,用UV灯照射2分钟。A及B制作4个小的及1个大的,C制作3个小的。
要点 B及C参照p.58,制作成龟甲图案。

第2次

3 模具中滴入未染色水晶滴胶至边缘,照射2分钟。

剪掉多余部分

4 从模具中取出,在正面贴装饰胶带。沿着水晶滴胶零件,用剪刀剪胶带。

5 牙签刺入开孔中。

不得堵住开孔

第3次

6 置于胶带底衬(p.8),在正面和侧面涂布未染色水晶滴胶,照射1分钟。A在照射前,放上转印贴纸。

第4次

7 用锉刀切削步骤2纽扣的背面,加工平整。在步骤6的整面涂布未染色水晶滴胶,放上纽扣,照射2分钟。

第5次

8 A及B用手工钻在纽扣(大)上开孔,插入剪短至5mm左右的9字针(已蘸取水晶滴胶),照射2分钟。用开口圈连接手袋小挂件及零件。

53

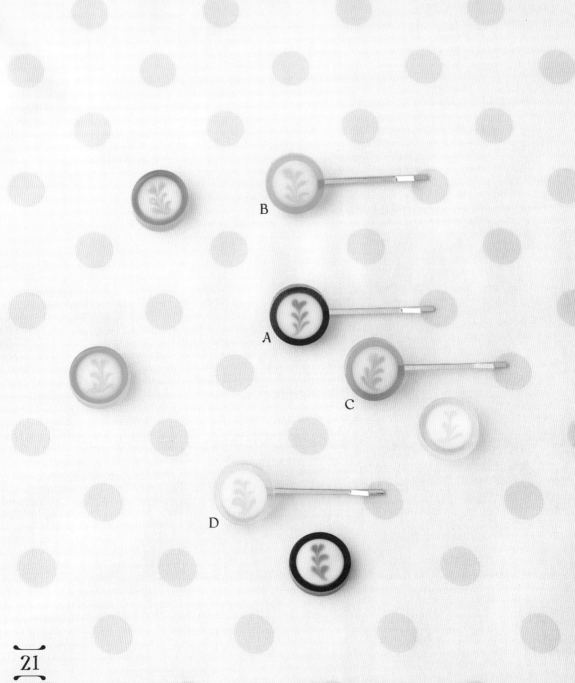

B

A

C

D

21
糖 果 发 卡

在模具制作的圆环中滴入水晶滴胶,变身成诱人的糖果!
中央的漂亮图案是在硬化前使用两种颜色,手绘般自然鲜艳。
绘制时间太久可能会浸色至水晶滴胶中,绘制时动手要快。

【材料】•和●如无特别要求均为1个

UV水晶滴胶
　　共通 阳光雨露心形●

染色剂
　　A 白色（20）、红色（21）、粉色（20+21）
　　B 白色（20）、绿色（13+23）、黄绿色（20+13+23）
　　C 白色（20）、橙色（16+23）、金黄色（20+16+23）
　　D 白色（20）、黄色（23）、柠檬黄（20+23）

装饰零件
　　A、C 发卡金具（PT-300789-G1）●
　　B、D 发卡金具（PT-300789-R1）●

其他
　　共通 软模具（04174 环形 7号尺寸）●

【工具】
　　共通 基本工具（p.5）、尖头钳、纸杯、黏合剂

※均为实物等大

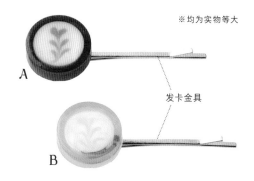

发卡金具

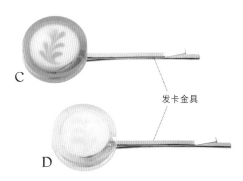

发卡金具

【制作方法】A～D共通。图片以A为例进行解说。

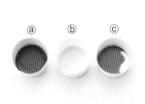

1 制作三色染色水晶滴胶
　（p.8）。
　ⓐ深色（外周）
　ⓑ白色（中央）
　ⓒ白色＋ⓐ（图案）

第1次
用尖头钳剪掉溢出部分

2 环状模具中滴入ⓐ至边缘，
　用 UV 灯照射 2 分钟。

第2次

3 从模具中取出，贴于胶带
　底衬（p.8）。里面滴入少
　量未染色水晶滴胶，照射
　30 秒。

第3次

4 滴入未染色水晶滴胶至边
　缘下方 1mm 位置，照射 2
　分钟。

步骤5及6应快速操作！

5 滴入ⓑ水晶滴胶至边缘，
　如图所示，在 3 个位置滴
　入ⓒ水晶滴胶。

使用新牙签！
第4次

6 用新的牙签在中央滴入竖
　条纹，并立即照射 2 分钟。

第5、6次

7 用毛笔在表面和侧面涂布
　未染色水晶滴胶，照射 2
　分钟。翻到背面，背面也
　要涂布，并照射 2 分钟。

8 使用黏合剂固定发卡金具。

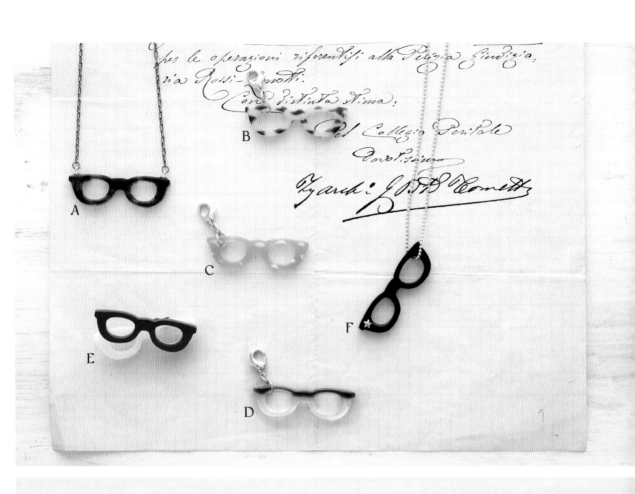

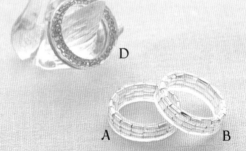

22

眼镜小挂件/链饰、
珠子镶嵌戒指

外形精致，只要使用戒指形状的模具，在透明水晶滴胶中放入隔珠及链条即可轻松完成。
或者，用竹节珠逐个整齐排列，达到3层之后硬化。
眼镜小挂件用水晶滴胶绘制图案。
制作方法 p.58,59

23

象牙、珊瑚、龟甲风格的
戒指和耳坠

用水晶滴胶制作喜欢的形状，利用"倒模"方法，通过硅胶倒模剂制作天然的模具。
硅胶需要1天才能固化，但操作过程非常简单。

制作方法 p.60

眼镜小挂件 p.56

【材料】 ●和●如无特别要求均为1个

UV水晶滴胶
共通 阳光雨露心形●

染色剂
A 褐色(14)、深褐色(12+14+15)
B 黑色(15)、柠檬黄
C 纯白色、天空蓝+纯白色
D 黑色(15)
E 白色(20)、中国红
F 黑色(15)

封入·装饰零件
F 美甲装饰钉(星)

装饰零件
A 羊眼钉(NH-99022-SN)●2个、链条(PC-301089-G)●、
  调节链、弹簧扣、开口圈(3mm) 4个
B 开口圈(6mm)、开口圈(小)、龙虾扣
C 开口圈(6mm)、开口圈(小)、龙虾扣
D 开口圈(6mm)、开口圈(小)、龙虾扣
E 别针 金色15mm(404128)●
F 项链(NH-40058-G)●

其他
共通 软模具(404175 标签&立方体 眼镜)●

【工具】
共通 基本工具(p.5)、平头钳、圆头钳、尖头钳、纸杯
A 手工钻

链条　开口圈(6mm)(▶p.7)

项链

羊眼钉(▶p.7)

A

F

弹簧扣
开口圈

B

装饰钉

弹簧扣
开口圈

C

用水晶滴胶贴合零件，背面贴合胸针

E

弹簧扣
开口圈

D

※A为实物等大，B～F缩小至80%

【制作方法】A~F共通。图片以A为例进行解说。

1 制作染色水晶滴胶，A、B、C、E为双色，D及F为单色（p8）。

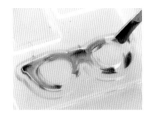

2 A将深色水晶滴胶随意滴入模具内侧，上方滴入浅色水晶滴胶（至容积的80%左右）。

第1次

3 最后，从上方滴入深色水晶滴胶，用牙签轻轻搅动1次，再用UV灯照射2分钟。

B及C

B及C用牙签在模具内侧滴入图案使用颜色的水晶滴胶，照射2分钟。

滴满基本色至边缘，照射2分钟。

D、E及F

滴入水晶滴胶（D为未染色，E及F为染色）至模具下半部分，照射2分钟，继续滴入至边缘，再照射2分钟。

第2次

4 从模具中取出，涂布未染色（D为上涂黑色）水晶滴胶，F用未染色水晶滴胶固定装饰钉，照射2分钟。

5 A用手工钻开孔，固定羊眼钉。连接金具，A用链条，B、C及D用开口圈。

链饰、珠子镶嵌戒指 p.56

【材料】●和●如无特别要求均为1个

UV水晶滴胶
　共通 阳光雨露心形●

封入·装饰零件
　A 竹节珠 金色(CY-0001-42)●
　B 竹节珠 银色(CY-0001-41)●
　C 串珠(DB34、DB35)●
　D 链条(NH-99030-G)●

其他
　共通 软模具(404175 圆环 13号尺寸)●

【工具】
共通 基本工具(p.5)、尖头钳、锉刀

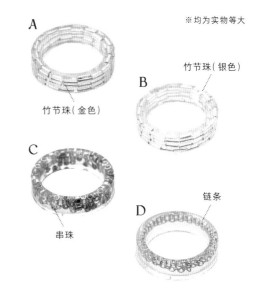

※均为实物等大

A

B

竹节珠(银色)

C

D

链条

竹节珠(金色)

串珠

【制作方法】A～D共通。图片以A为例进行解说。

1 模具中滴入水晶滴胶，容积一半左右。

2 用牙签逐层排列竹节珠，重合3层。C为随机放入隔珠，D放入可环绕2圈的链条。

第1次

3 已排列完成3层竹节珠，照射2分钟。

第2次

4 滴入水晶滴胶至模具边缘，照射2分钟。

5 从模具中取出，用尖头钳剪掉溢出较大部分。

6 用锉刀切削边缘，加工平滑。

第3次

7 用牙签在边缘涂布水晶滴胶，照射2分钟。

象牙、珊瑚、龟甲风格的戒指和耳坠 p.57

【材料】●和●参照 p.62，如无特别要求均为 1 个

UV 水晶滴胶
　　共通 阳光雨露心形●

染色剂
　　A、E 珊瑚 浅粉色（20+21+23）、
　　　　　　 粉色（20+21+23 多加 21 和 23）
　　B、F 龟甲 褐色（14）、深褐色（12+14+15）
　　C 象牙 白色（20+21+23 21 和 23 微量）
　　D、G 红珊瑚 中国红+乌黑（微量）

装饰零件
　　E、F、G 耳坠金具（PT-301362-G）●、开口圈 2 个

其他
　　共通 倒模所需零件（玫瑰）、硅胶倒模盒（404179）●、
　　　　 透明硅胶倒模材料（404172）●*A、B 2 种溶剂组合
　　A、B、C、D 软模具（404174 环形 13 号尺寸）●

【工具】
共通 基本工具（p.5）、尖头钳、双面胶带、黏合剂

【倒模方法】倒模需要 1 天左右。

1 组装倒模盒，用双面胶将玫瑰零件贴在底部。

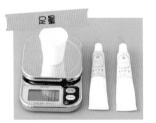

2 分别量取同量的透明硅胶倒模材料 A 剂和 B 剂，倒入纸杯中。

3 充分搅拌混合。

4 慢慢滴入零件中，倒入盒子，没过零件。以此状态，放置 1 天。

5 已放置 1 天。

6 打开盒子，从中取出模具。

7 取出步骤 1 的玫瑰，模具完成。

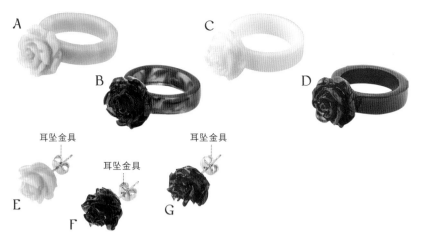

A

C

B

D

耳坠金具

耳坠金具

耳坠金具

E

F

G

※均为实物等大

【制作方法】A～G共通。图片以A为例进行解说。

1　制作染色水晶滴胶，A、B、E及F为双色，C、D及G为单色。A及E为浅粉色ⓐ和粉色ⓑ，B及F为褐色ⓐ和深褐色ⓑ。

2　A及B在戒指模具内侧逐次少量涂布ⓑ水晶滴胶。

3　A及B继续涂布ⓐ水晶滴胶。

第1·2次

4　A及B最后再次涂布ⓑ水晶滴胶，用牙签轻轻搅拌，照射2分钟。

C及D

C及D将染色水晶滴胶倒入戒指模具的一半体积，照射2分钟。继续倒入至模具边缘，照射2分钟。

5　从模具中取出，用尖头钳剪掉溢出的水晶滴胶，用锉刀切削。

6　使用倒模的模具。C、D及G涂布单色的水晶滴胶，A、B、E及F依据步骤2及3的要领，涂布双色水晶滴胶。

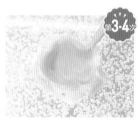

第3·4次

7　C、D及G保持不变，A、B、E及F用牙签轻轻搅拌双色水晶滴胶，之后用UV灯照射2分钟。反复照射，直至硬化。

第5次

8　从模具中取出玫瑰，A、B、C及D用未染色固定于戒指。用手拿着照射30秒，再放下照射1分30秒。

竖立于胶带底衬　第6次

9　用毛笔在玫瑰部分涂布未染色水晶滴胶，照射2分钟。

第7次

10　戒指上涂布未染色水晶滴胶，照射2分钟。

E、F及G

E、F及G用毛笔在玫瑰上涂布未染色水晶滴胶，照射2分钟。背面用黏合剂固定耳坠金具，完成。